JN076451

弾 性 力 学

九州大学教授 工学博士

村 上 敬 宜 著

東 京
株 式 会 社
養賢堂発行

は し が き

　読者の専門書に対する期待には二つのことがあると思われる．一つは，資料またはハンドブック的に使うことを目的とすること．もう一つは，考え方を養うことを目的とすることである．本書の目的は後者である．現場の技術者は時間的な制約からすぐに参考となるものを求めがちであるが，長い目でみれば正しい考え方を確立することがより肝要である．

　弾性力学では，応力場の概念を理解することが最も重要である．いわゆる，材料力学においては場の概念は教えられない．応力場の概念を理解すれば，弾性力学の単純な問題の解を多くの実際問題に応用することができる．このことは，本書の中の多くの例題で実際に示されるであろう．本書では，材料力学と弾性力学の違いだけでなく共通点も理解できるようつとめた．

　弾性力学についてはこれまで多くの高度な本が出版されているが，それらの多くは，どちらかといえば数学的取扱いに偏っている．学生や技術者は，それらの本を読んで内容が材料力学とあまりにもかけ離れていることをみせつけられ，とまどいを感じるようである．両者の手法は，みかけ上まったく異なっているようにみえるが，共通点も多くあるのである．

　無限大と無限小の概念もまた重要である．われわれ人間は，無限大や無限小という量を直観的にとらえることが苦手である．われわれが無限大や無限小の量を扱うときには，注意が必要である．なぜならば，ときどき予想もしなかった結果が生じることがあるからである．読者には，無限大とか無限小という量は実際問題においては常に相対的なものであることを念頭においてほしい．弾性力学では，ある小さい領域を無限に大きい領域とみなすことがあり，また逆にかなり長い距離を無限小の距離とみなしたりすることもある．そのような場合，読者は，小さいとか長いとかいう言葉は単にわれわれの日常の印象からくるものにすぎないことを理解することになるであろう．

　応力場の概念と無限大と無限小の概念を身につければ，たとえ複雑な微分方程式や積分方程式を解くことができなくても，真の工学的センスを身につけた技術者といってもよいと思う．本書では，これらの概念と関連していた

（ ii ） はしがき

るところで近似的な考え方を取り入れている．しかし，近似は単にもっともらしいという理由で必要なのではなく，本質的に重要な内容を含んでいるのである．

　本書の内容は，著者が九州大学工学部において行なっている弾性力学第一，および第二の講義内容にさらに応用的な部分を加えたものである．現在の講義対象学科は，機械系3学科，造船，航空，建築，応用原子核，化学機械の各学科であるが，学科によっては弾性力学第一(半年間)のみ受講している．本書をテキストとして使用する場合に講義期間が半年間ならば，本書の内容の適当な章を選択すればよいと思われる．また，本書の前半の応力，ひずみおよびフックの法則の章は，材料力学をよりよく理解するために材料力学のアドバンスト・コースとして利用することも可能であろう．例題と問題は，関連の章だけでなく弾性力学全体を考える際に役立つ内容のものを用意しているので，実際に手を動かして全問試みられることを希望する．

　本書の執筆に際し，九州大学工学部西谷弘信教授（材料力学），山本雄二教授（機械設計法），九州工業大学遠藤達雄教授（材料力学），兼田槇宏教授（機械設計法）には原稿を通読していただき，それぞれの立場から御意見をいただいた．特に，西谷，遠藤両教授には細部まで御検討いただき貴重な御意見をいただいた．図の作成には中江　洋氏の援助をいただき，校正には鶴秀登氏の協力を得た．ここに記して厚く感謝申し上げる．

　また，本書の出版を快くお引受けいただいた養賢堂及川　清氏，編集と校正に終始お世話になった養賢堂編集部三浦信幸氏に心から感謝申し上げる．

1985年9月　　著　者

目　次

第1章　応　力…………………… 1

1.1　物体の表面の応力……… 1

1.1.1　垂直応力……………… 1

1.1.2　せん断応力…………… 1

1.2　物体の内部の応力……… 2

1.3　二次元および三次元応
力状態と応力の変換…… 3

1.3.1　垂直応力……………… 3

1.3.2　せん断応力…………… 4

1.3.3　任意の方向の応力──
応力の変換…………… 5

(1)　二次元応力状態………… 5

(2)　三次元応力状態………… 8

1.3.4　主応力…………………10

(1)　二次元応力状態における
主応力…………………10

(2)　三次元応力状態における
主応力…………………13

1.3.5　主せん断応力…………14

第1章の問題…………………15

第2章　ひずみ……………………17

2.1　二次元問題におけるひ
ずみ ……………………17

2.2　三次元問題におけるひ
ずみ ……………………19

2.3　任意の方向のひずみ──
ひずみの変換 …………20

2.3.1　二次元のひずみ変換……20

2.3.2　三次元のひずみ変換……21

2.4　主ひずみ…………………22

2.5　適合条件…………………24

第2章の問題……………………25

第3章　応力とひずみの関係
──一般化されたフッ
クの法則…………………27

第3章の問題……………………31

第4章　平衡方程式 ………………32

第4章の問題……………………34

第5章　サンブナンの原理と
境界条件………………35

5.1　サンブナンの原理………35

5.2　境界条件…………………37

(1)　応力境界条件……………37

(2)　変位境界条件……………38

(3)　混合境界条件……………38

第5章の問題……………………40

第6章　二次元問題 ………………41

6.1　平面応力と平面ひずみ…41

(1)　平面応力…………………41

(2)　平面ひずみ………………42

6.2　解の性質…………………44

6.3　応力関数…………………46

6.4　円筒の問題………………48

6.5　円孔による応力集中……50

6.6　だ円孔による応力集中…55

6.7　有限幅の板の中の孔に
よる応力集中 …………57

6.8　き裂による応力集中……59

（ⅳ）

　　6.9　半無限板の縁に作用す
　　　　る集中力による応力場 …64
　　6.10　集中荷重を受ける円板 …68
　　　　第6章の問題 ………………69

第7章　一様断面棒のねじり ……71
　　7.1　円形断面棒のねじり ……71
　　7.2　閉じた薄肉断面棒のね
　　　　じり ……………………72
　　7.3　サンブナンのねじり問
　　　　題 ………………………74
　　7.4　ねじりの応力関数 ………75
　　7.5　薄膜問題とねじり問題
　　　　の類似 …………………79
　　7.6　薄肉開断面棒のねじり …81
　　7.7　開断面棒と閉断面棒の
　　　　ねじり剛性の比較 ………84
　　　　第7章の問題 ………………86

第8章　エネルギ原理 ………87
　　8.1　ひずみエネルギ ………87
　　8.2　弾性解の一意性 ………91
　　8.3　仮想仕事の原理 ………93
　　8.4　最小ポテンシャルエネ
　　　　ルギの原理 ……………95
　　8.5　カスチリアーノの定理 …98
　　8.6　相反定理 ……………… 101
　　　　第8章の問題 …………… 104

第9章　有限要素法 ………… 105
　　9.1　一次元問題の有限要素
　　　　法 ……………………… 105
　　9.2　有限要素法による平面

応力場の解析 ……… 109
　　9.2.1　三角形平板要素の集合
　　　　　による近似 ………… 110
　　9.2.2　平面応力場における応
　　　　　力とひずみの関係 …… 112
　　9.2.3　三角形平板要素の剛性
　　　　　マトリックス ………… 112
　　9.2.4　構造全体の剛性マトリ
　　　　　ックス ……………… 118
　　9.2.5　境界条件の表わし方と
　　　　　分割の仕方 ………… 121
　　　　第9章の問題 …………… 123

第10章　薄板の曲げ ………… 124
　　10.1　板曲げの簡単な例 …… 124
　　10.2　板の純曲げの一般の場
　　　　合 ……………………… 127
　　10.3　曲げモーメントとねじ
　　　　りモーメントの変換 … 128
　　10.4　板の表面に荷重が作用
　　　　する場合の微分方程式
　　　　とその応用 …………… 130
　　10.5　板曲げ問題における境
　　　　界条件 ………………… 134
　　10.6　諸量の極座標表示 …… 136
　　10.7　板曲げ問題における応
　　　　力集中 ………………… 137
　　（1）　円孔をもつ広い板の曲げ
　　　　　における応力集中 …… 137
　　（2）　だ円孔をもつ広い板の曲
　　　　　げにおける応力集中 … 137
　　10.8　円板の曲げ ………… 138
　　　　第10章の問題 ………… 142

第11章　薄肉円筒の変形と応力 ……………… 143

11.1　基礎式 ………………… 143

11.2　薄肉円筒に関する種々の問題 ……………… 147

　第11章の問題 …………… 148

第12章　熱応力 ……………… 150

12.1　長方形板に生ずる熱応力——熱応力の簡単な例 ……………… 150

12.2　円板に生ずる熱応力 … 153

12.3　円筒に生ずる熱応力 … 156

　第12章の問題 …………… 157

第13章　接触応力 ……………… 158

13.1　二次元接触応力 ……… 159

　⑴　一定垂直分布荷重による応力と変位 ……………… 159

　⑵　剛体ポンチの押込みによる接触応力 ……………… 161

　⑶　だ円形接触応力分布による応力場 ……………… 162

13.2　三次元接触応力 ……… 163

　⑴　一定分布荷重による応力と変位 ……………… 164

　⑵　円形剛体ポンチの押込みによる接触応力 ……… 165

　⑶　球面と球面の接触 ……… 165

　⑷　円筒と円筒の接触 ……… 166

　第13章の問題 …………… 167

付　録 ……………………… 168

問題の解答とヒント ……… 171

索　引 ……………………… 185

第1章 応 力

1.1 物体の表面の応力

1.1.1 垂直応力 (normal stress)

図 1.1 のように物体が圧力 p の液体中にあれば，液体は物体の材質に無関係に物体の表面に圧力 p を及ぼす．この場合，表面に摩擦力が作用しなければ，当然圧力は表面に垂直に作用する．液体は，静止状態ではそのような摩擦力を支えることができないので，物体表面に作用するのは垂直方向の液体圧力 p だけである．この状態を，物体の表面における**垂直応力** σ_n は $-p$ であるという．すなわち，$\sigma_n = -p$ とする．このように，垂直応力は力が表面に

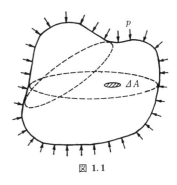

図 1.1

一様に作用するとき単位面積当りに作用する力と定義される．表面に作用する力の分布が一様でない場合には，一様とみなされるほど十分小さい面積を考えて同様な定義をする．

1.1.2 せん断応力 (shearing stress)

図 1.2 のように重量 W のブロックが平面上にあるとき，このブロックを水平方向に滑らせて移動させる限界の力 F は次式のように表わされる．

$$F = \mu W \qquad (1.1)$$

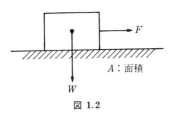

A：面積

図 1.2

ここで，μ は静摩擦係数である．このとき，ブロックの底面と平面上の接触面は同じ大きさの摩擦力を受けている．このとき，二つの接触面は**せん断応力**を受けているという．せん断応力は，単位面積当りに作用する接線方向の力の大きさを表わす量として用い，ふつう τ という記号で表わす．

　図1.2の場合，接触面のせん断応力は，場所によって異なるかもしれない
が，平均のせん断応力 τ_{ave} は次式のように表わすことができる.

$$\tau_{ave} = \frac{F}{A} \tag{1.2}$$

ここで，A はブロックの底面の面積である.

1.2　物体の内部の応力

　図1.1の物体の内部に微小な面 $\varDelta A$ を想像すれば，面 $\varDelta A$ には何らかの
力が作用しているであろう. しかし，われわれはいまのところ $\varDelta A$ に作用す
る垂直応力 σ_n に対しては何も語ることはできない. なぜなら，$\varDelta A$ に作用
していると想像される内力の大きさも方向も知らないからである. しかしな
がら，いま仮に内力の法線方向成分が $\varDelta F_n$ であると仮定すると，$\varDelta A$ に含
まれる1点の垂直応力 σ_n を次式の極限表示で定義することができる.

$$\sigma_n = \lim_{\varDelta A \to 0} \frac{\varDelta F_n}{\varDelta A} \tag{1.3}$$

　同様に，内力の接線方向成分が $\varDelta F_t$ であると仮定すると，同じ点のせん
断応力を次式で定義することができる.

$$\tau = \lim_{\varDelta A \to 0} \frac{\varDelta F_t}{\varDelta A} \tag{1.4}$$

　あとの節の考察によって，図1.1の場合には，$\varDelta A$ には，その位置と方向
に無関係に $\varDelta F_n$ のみが作用し，$\varDelta F_t = 0$ であることを知ることができるで
あろう. すなわち，図1.1の物体内では，いたるところどの方向でも $\sigma_n =$
$-p$，$\tau = 0$ である.

　一般の問題では，当然物体内の応力状態は場所によって変化し一様ではな
い. われわれがはじめて問題に出会ったとき，物体内の応力状態については
何の情報ももっていないのがふつうである. われわれは表面の応力または変
位状態についてしか知らない. すなわち，表面の応力または変位状態は問題
を解く鍵である. このように，問題を解く前にすでに知っている応力（また
は変位）のことを**境界条件**と呼ぶ.

　さて，これから境界条件をたずさえて弾性力学の分野に入っていくのであ
るが，境界条件をどのように使えば物体の内部の応力状態を知ることができ

るであろうか.

1.3　二次元および三次元応力状態と応力の変換

1.3.1　垂直応力

図 1.3 のように，任意形状をした一定厚さの板がその外周 Γ に沿って圧
力 p を受ける場合には，Γ に沿って垂
直応力 σ_n とせん断応力 τ はそれぞれ σ_n
$=-p,\ \tau=0$ である. すなわち，境界条
件は Γ に沿って $\sigma_n=-p,\ \tau=0$ である.
しかし，いまのところ内部の点（たとえ
ば点 A）での垂直応力 σ とせん断応力
τ は未知である. 任意の内部点 A での σ
と τ を求める方法は後の節で述べる.

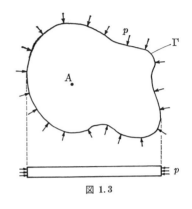

図 1.3

さて，板の形状が図 1.4 のように一定
板厚の長方形であり端面 BC, DA に垂

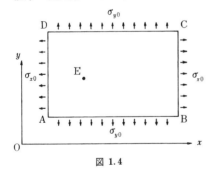

図 1.4

直応力 σ_{x0}，AB, CD に垂直応力
σ_{y0} が作用する場合には，境界条件
は，BC, DA に沿って $\sigma_x=\sigma_{x0}$,
$\tau_{xy}=0$ また AB, CD に沿って $\sigma_y=$
$=\sigma_{y0},\ \tau_{yx}=0$ と書く. σ_x と σ_y の
添字 x と y は，σ_x と σ_y がそれぞ
れ $x,\ y$ 方向の垂直応力であること
を意味する. また，τ_{xy} の添字 xy
は，$x=$ 一定の面に y 方向に作用するせん断応力を意味し，τ_{yx} の添字 yx
は $y=$ 一定の面に x 方向に作用するせん断応力を示す.

図 1.4 で $\sigma_{x0}\neq0$，$\sigma_{y0}=0$ なら，板の内部の任意の点 E で $\sigma_x=\sigma_{x0}$，$\sigma_y=0$，
$\tau_{xy}=0$ であること，同様に $\sigma_{x0}=0$，$\sigma_{y0}\neq0$ なら，いたるところで $\sigma_x=0$，σ_y
$=\sigma_{y0}$，$\tau_{xy}=0$ であることはすぐわかる. $\sigma_{x0}\neq0$，$\sigma_{y0}\neq0$ の場合は，いたると
ころで，$\sigma_x=\sigma_{x0}$，$\sigma_y=\sigma_{y0}$，$\tau_{xy}=0$ である. これらの結論は，応力状態が一
様であることと，板の平衡条件に基づいている.

1.3.2　せん断応力

次に，図1.5のように単位厚さの長方形板の端面に作用する応力がせん断

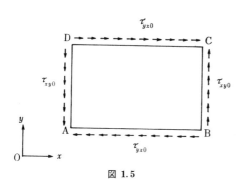

図 1.5

応力だけの場合には，境界条件は BC, DA に沿って $\sigma_x=0$，$\sigma_y=0$，$\tau_{xy}=\tau_{xy0}$，AB，CD に沿って $\sigma_x=0$，$\sigma_y=0$，$\tau_{yx}=\tau_{yx0}$ である．この場合には，板の内部の応力はどのようになるであろうか．もし，AB に作用するせん断応力 τ_{yx0} が図に示すように x の負の方向であれば，CD に作用するせん断応力は大きさが同じで x の正の方向に作用していなければならない．もしそうでなければ，板に作用する x 方向の力は釣り合わず板は x 方向に動きだすからである．同様に，BC と DA に作用するせん断応力も大きさが等しく y 方向の向きは逆でなければならない．

さらに，板 ABCD は回転の条件からも平衡を保っていなければならない．すなわち，z 軸（または z 軸と平行な任意の軸）に関する回転のモーメントは 0 になっていなければならない．

点 A を通る z 軸に平行な軸に関する回転の平衡条件は，次式のように書ける．

$$(\mathrm{BC}\times\tau_{xy0})\times\mathrm{AB}-(\mathrm{CD}\times\tau_{yx0})\times\mathrm{DA}=0 \tag{1.5}$$

ここで，CD=AB，DA=BC であることから，次の関係を得る．

$$\tau_{xy0}=\tau_{yx0} \tag{1.6}$$

この関係は簡単であるが，極めて重要である．この関係式は，せん断応力が図1.6の(a)または(b)のような状態でしか存在しえないことを意味している．すなわち，四つの端面に作用するせん断応力は，すべて大きさが等

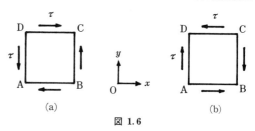

(a)　　　　　　　　　(b)

図 1.6

しく，単独の端（たとえば AB）あるいは一対の面（たとえば AB と CD）だけでは存在しえないのである．せん断応力に関するこの性質は板の内部でも成立する．初心者はこの性質をそれほど重視しない傾向があるが，この性質を理解しておれば高度な問題を解くときに大いに役立つことがある．

図 1.6 のように x-y 座標をとるとき，(a) のようなせん断応力の組を正のせん断応力，(b) を負のせん断応力といい，τ_{xy}, τ_{yx} または単に τ_{xy} で表わす．τ_{yx} をも τ_{xy} で表わすのは絶対値が同じであり，常に図 1.6 のように対をなしてしか存在しえないからである．

1.3.3　任意の方向の応力——応力の変換

（1）　二次元応力状態

長方形板の境界条件が図 1.7 のようであれば，板の内部の任意の点で $\sigma_x=$

σ_{x0}, $\sigma_y=\sigma_{y0}$, $\tau_{xy}=\tau_{xy0}$ である．これらの応力は x-y 座標系での応力である．実際問題では，他の座標系での応力が必要となることがしばしばある．そこで，x-y 座標系を θ だけ反時計方向に回転した ξ-η 座標系での応力 σ_ξ, σ_η, $\tau_{\xi\eta}$ を求めよう．

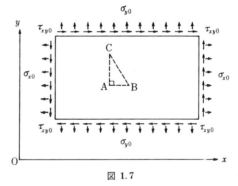

図 1.7

図 1.7 の板内に破線で描いたような直角三角形 ABC を想像すると，図

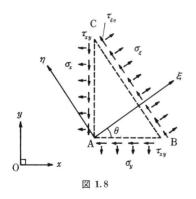

図 1.8

1.8 に示すように辺 AC に作用する応力は $\sigma_x=\sigma_{x0}$ と $\tau_{xy}=\tau_{xy0}$ であり，AB に作用する応力は $\sigma_y=\sigma_{y0}$ と $\tau_{xy}=\tau_{xy0}$ である．すなわち，図 1.8 では二つの面 AC と AB に作用する応力が既知で，これから面 BC に作用する垂直応力 σ_ξ とせん断応力 $\tau_{\xi\eta}$ を求めるのである．簡単のために，BC の長さを単位長さ 1 とする．また，板厚を単位厚

（ 6 ） 第1章 応　　力

表 1.1　方向余弦

	x	y
ξ	l_1	m_1
η	l_2	m_2

さとする．表 1.1 のように二つの座標系間に**方向余弦**を定義する．方向余弦は二つの方向のなす角の余弦（cosine）であるから，一方の方向のベクトルの他の方向の成分を求めたり，投影面積を求めたりするときに用いられる．

　図 1.8 の要素 △ABC に作用する力の ξ 方向および η 方向の平衡条件から次式が得られる．

$$(\sigma_\xi \cdot 1)\cdot 1=(\sigma_x\cdot l_1)\cdot l_1+(\sigma_y\cdot m_1)\cdot m_1+(\tau_{xy}\cdot l_1)\cdot m_1+(\tau_{xy}\cdot m_1)\cdot l_1 \qquad (1.7)$$

$$(\tau_{\xi\eta}\cdot 1)\cdot 1=(\sigma_x\cdot l_1)\cdot l_2+(\sigma_y\cdot m_1)\cdot m_2+(\tau_{xy}\cdot l_1)\cdot m_2+(\tau_{xy}\cdot m_1)\cdot l_2 \qquad (1.8)$$

　上式で，（　）内の量は三角形の一辺に作用する力，すなわち（応力×面積）であり，（　）にかかっている方向余弦は力の成分をとっていることを示す．上式のような**応力の変換**においてみられる典型的な誤りは，応力と方向余弦を 1 回だけかけて変換ができたと思い込むことである．これは，力の平衡を誤って応力の平衡というように理解しているためである*．

　式（1.7）と式（1.8）を整理，また σ_η の式を加えてまとめると次のようになる．

$$\sigma_\xi=\sigma_x l_1{}^2+\sigma_y m_1{}^2+2\tau_{xy}l_1 m_1 \qquad (1.9)$$

$$\sigma_\eta=\sigma_x l_2{}^2+\sigma_y m_2{}^2+2\tau_{xy}l_2 m_2 \qquad (1.10)$$

$$\tau_{\xi\eta}=\sigma_x l_1 l_2+\sigma_y m_1 m_2+\tau_{xy}(l_1 m_2+l_2 m_1) \qquad (1.11)$$

　図 1.8 の角度 θ を用いて上式を書き直すと次のようになる．

$$\left.\begin{array}{l}\sigma_\xi=\sigma_x\cos^2\theta+\sigma_y\sin^2\theta+2\tau_{xy}\cos\theta\cdot\sin\theta\\ \sigma_\eta=\sigma_x\sin^2\theta+\sigma_y\cos^2\theta-2\tau_{xy}\cos\theta\cdot\sin\theta\\ \tau_{\xi\eta}=(\sigma_y-\sigma_x)\cos\theta\cdot\sin\theta+\tau_{xy}(\cos^2\theta-\sin^2\theta)\end{array}\right\} \qquad (1.12)$$

　式（1.12）をみるとき，それが力の平衡条件から得られたものであることを忘れてはならない．式（1.12）は，単に応力の変換だけでなく種々の応力場の性質を明らかにするのに用いられ，極めて重要である．一つの座標系からみたときの応力が既知であるとき，それを他の座標系の応力でみるとどの

---

*　モールの応力円についての知識がこの誤りのもう一つの原因になっているかもしれない．なぜなら，モールの応力円は，式（1.7）と式（1.8）を平衡条件を使って導き出した後に教えられ，cos や sin がみかけ上 1 回しか現われないからである．著者の経験では，応力変換にモールの応力円を利用するのは，初学者を混乱におとし入れるという点から利点より害が多いようである．

ようになるかを常に考える姿勢をもって
いなければならない.

　式 (1.12) を導くには，ふつう図 1.8
のような図を描く．その場合には，われ
われは AB と CA の2辺に作用する応
力を知っており，一辺 BC に作用する応
力が未知である．これに対して，誤って
図1.9のような図を描くと，既知である
のは1辺 AB に作用する応力 σ_y, τ_{xy} だ

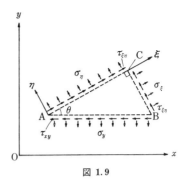

図 1.9

けで，2辺 BC, CA に作用する応力は合計3個が未知である．したがって，
σ_ξ, σ_η, $\tau_{\xi\eta}$ のどれも決定することはできない．これも初学者がしばしばおか
す誤りである.

　式 (1.12) は，図 1.7 の長方形が一様応力を受ける場合について導かれた
ものである．しかし，長方形の大きさについては何も述べなかったので，長
方形を限りなく小さくすることは自由である．このことから，任意形状の板
の内部で応力が場所によって変化する場合でも，内部に応力が事実上一様と
なる十分小さい長方形を想像することによって，既知の応力と任意の方向の
応力を関係づけることができる．すなわち，一般には長方形の大きさを無限
小に縮めた極限を考えることによって，1点に作用する応力という表現を用
いる．式 (1.12) は，むしろ応力が場所によって変化している場合に使用さ
れることが多い.

【例題 1】
　図1.10のように，内部に孔のない一定厚さの板がその外周 Γ に沿って一定圧力 p
を受けているとき，内部では場所と方向に無関係に垂直応力 σ は $\sigma = -p$ となり，せ
ん断応力 τ は存在しないことを証明せよ.

　【解】
　板を小さな部分に分けて解く試みは成功しない．この問題は，任意形状を特殊な形
状の中に想像することによって解くことができる.

　図 1.11 のように，外周に圧力 p が作用する長方形板を考える．長方形板の内部の
応力は，x-y 座標系で $\sigma_x = -p$, $\sigma_y = -p$, $\tau_{xy} = 0$ である．この長方形内に図 1.10 の
Γ を描く．Γ 上の任意の点 B に法線を立てこれを ξ 軸とする．ξ 軸上に任意の1点

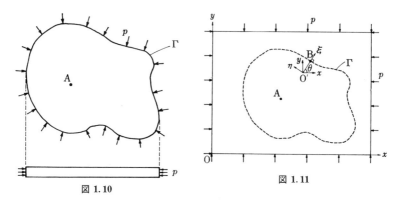

図 1.10

図 1.11

O′ をとり，O′ を原点とする ξ-η 座標系を定義する．x 軸と ξ 軸のなす角を θ とすると，点 B での応力は式 (1.12) より次のようになる．

$$\sigma_\xi = \sigma_x \cos^2\theta + \sigma_y \sin^2\theta + 2\tau_{xy}\cos\theta\cdot\sin\theta = -p\cos^2\theta - p\sin^2\theta + 0 = -p \quad (1.13)$$

$$\tau_{\xi\eta} = (\sigma_y - \sigma_x)\cos\theta\cdot\sin\theta + \tau_{xy}(\cos^2\theta - \sin^2\theta) = 0 \quad (1.14)$$

　　点 B は Γ 上の特別な点ではないから，Γ 上では法線方向の垂直応力はどこでも $-p$ となり，せん断応力は 0 となる．このことは，長方形内に描いた Γ で囲まれる板の周辺の条件は，図 1.10 の板の境界条件と同一であることを意味している．したがって，図 1.10 の板の内部の一点 A の応力状態を求めるには図 1.11 の Γ 内の同じ点の応力状態を知ればよい．先に示したように，点 B は長方形板内の特別な点ではないから，点 A の応力も点 B と同じように表現される．すなわち，Γ 内では，いたるところどの方向の応力も $\sigma = -p$, $\tau = 0$ である．

　　この問題は，境界条件と応力変換式だけから内部の応力状態を求めることができた例である．ここで注意すべきことは，この問題では板の材質については一様である他は何も言及していないことである．この問題から得られる結論は，弾性力学だけでなく塑性力学の種々の問題と関係があり極めて重要であるので忘れてはならない．

（ 2 ）　三 次 元 応 力 状 態

　　図 1.12 のような直方体に一様な応力が作用するとき，任意の方向の応力を求める方法について述べる．σ_x, σ_y, σ_z, τ_{xy}, τ_{yz}, τ_{zx}* が

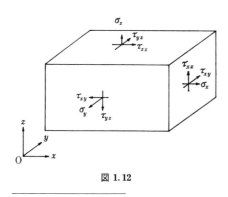

図 1.12

---

*　$\tau_{yz} = \tau_{xy}$, $\tau_{xy} = \tau_{yx}$, $\tau_{zx} = \tau_{xz}$ に注意のこと．

わかっていて，ξ, η, ζ 座標系での応力が知りたいとする．二つの座標系間の方向余弦を表1.2のように定義する．

表 1.2 方向余弦

	x	y	z
ξ	l_1	m_1	n_1
η	l_2	m_2	n_2
ζ	l_3	m_3	n_3

計算にとりかかる前に結果を得る方法を推測してみよう．その方法は，前に二次元の応力変換に用いた手順と類似であるが，やや複雑になるであろう．そこで，めんどうな方法にとりかかる前に式 (1.9)～(1.11) を注意深くながめてみよう．式には方向余弦の規則性が現われている．また，二次元状態は三次元状態の特殊な例であり，二次元状態では z 軸と ξ-η 平面，および ζ 軸と x-y 平面がそれぞれ垂直，すなわち $n_1=n_2=0$, $l_3=m_3=0$ である．これらのことを考慮すると，三次元の応力変換式は次式のようになることが容易に推定できる．

$$
\left.
\begin{aligned}
\sigma_\xi &= \sigma_x l_1{}^2 + \sigma_y m_1{}^2 + \sigma_z n_1{}^2 + 2(\tau_{xy} l_1 m_1 + \tau_{yz} m_1 n_1 + \tau_{zx} n_1 l_1) \\
\tau_{\xi\eta} &= \sigma_x l_1 l_2 + \sigma_y m_1 m_2 + \sigma_z n_1 n_2 + \tau_{xy}(l_1 m_2 + l_2 m_1) \\
&\quad + \tau_{yz}(m_1 n_2 + m_2 n_1) + \tau_{zx}(n_1 l_2 + n_2 l_1) \\
\tau_{\xi\zeta} &= \sigma_x l_1 l_3 + \sigma_y m_1 m_3 + \sigma_z n_1 n_3 + \tau_{xy}(l_1 m_3 + l_3 m_1) \\
&\quad + \tau_{yz}(m_1 n_3 + m_3 n_1) + \tau_{zx}(n_1 l_3 + n_3 l_1) \\
&\cdots\cdots
\end{aligned}
\right\}
\quad (1.15)
$$

上式は，実際に正しい表現である．めんどうであるが，厳密なやり方では直方体中に図 1.13 のような四面体を想定し，四つの面に作用する力の平衡条件を考える．手順は二次元の場合と類似である．ただし，三次元の場合には $\triangle$ABC の面積を1とすると $\triangle$OBC$=l_1$, $\triangle$OCA$=m_1$, $\triangle$OAB$=n_1$ となる関係を使えばよい．

図 1.14 は，式 (1.15) の応力がどのように $\xi=$一定の面に作用しているかを示した

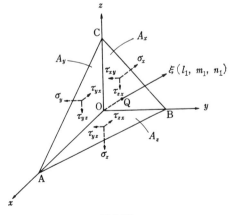

図 1.13

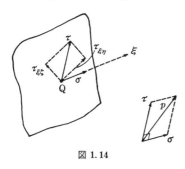

図 1.14

ものである．$\xi=$一定の面上での η 方向と ζ 方向のせん断応力は次式のように合成される．

$$\tau^2=\tau_{\xi\eta}{}^2+\tau_{\xi\zeta}{}^2 \qquad (1.16)$$

τ は**合せん断応力**と呼ばれる．また，σ_ξ を σ と表わし，$\xi=$一定の面に作用する**合応力**と呼ばれる量 p を次式で表わす．

$$p^2=\sigma^2+\tau^2 \qquad (1.17)$$

$\tau=0$ のとき，$p=\sigma$ となり合応力は η-ζ 面に垂直に作用する．このとき ξ 軸を主軸と呼ぶ．あとで示すように三つの主軸がある．

1.3.4　主応力

（1）　二次元応力状態における主応力

再び図 1.8 をながめてみると，面 BC には一般に 2 種類の応力，すなわち垂直応力 σ_ξ とせん断応力 $\tau_{\xi\eta}$ が作用している．しかしながら，θ（すなわち ξ の方向）を 0 から 2π まで連続的に変えると，ある角度で $\tau_{\xi\eta}$ が 0 になることを知ることができる．それは次のようにして示すことができる．

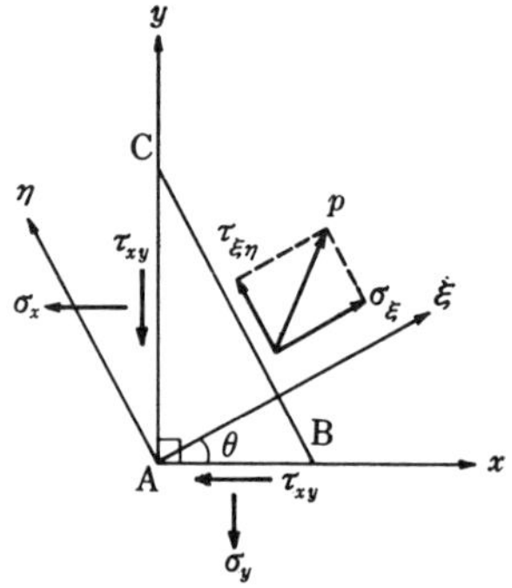

図 1.15 で p は面 BC に作用する合応力で $p^2=\sigma_\xi{}^2+\tau_{\xi\eta}{}^2$ である．面 BC の長さを BC$=$1 にとると，方向余弦を用いて AB$=m_1$, AC $=l_1$ となる．平板中に想定した要素 $\triangle$ABC に作用する力の平衡条件を考えるため，面 BC に作用する力の x, y 方向の成分をそれぞれ p_x, p_y とすると次式が成立する．

図 1.15

$$\left.\begin{array}{l} p_x=\sigma_x l_1+\tau_{xy} m_1 \\ p_y=\tau_{xy} l_1+\sigma_y m_1 \end{array}\right\} \qquad (1.18)$$

先に述べたように，ある特別な角度 θ で $\tau_{\xi\eta}=0$ となったとすると，BC 上に作用する力の x, y 方向成分は次のように書ける．

$$\left.\begin{array}{l} p_x=\sigma_\xi l_1 \\ p_y=\sigma_\xi m_1 \end{array}\right\} \qquad (1.19)$$

このように $\tau_{\xi\eta}=0$ となる面に作用する σ_{ξ} を σ で表わすと，式 (1.18) と式 (1.19) から次式が得られる．

$$\left.\begin{array}{l}\sigma_x l_1+\tau_{xy}m_1=\sigma l_1\\\tau_{xy}l_1+\sigma_y m_1=\sigma m_1\end{array}\right\}\tag{1.20}$$

上式を書き換えると

$$\left.\begin{array}{l}(\sigma_x-\sigma)l_1+\tau_{xy}m_1=0\\\tau_{xy}l_1+(\sigma_y-\sigma)m_1=0\end{array}\right\}\tag{1.21}$$

上式は，$l_1=m_1=0$ となるか，または l_1, m_1 を未知数とした二元連立一次方程式の係数行列式が 0 となることを要求する．方向余弦の性質*から l_1 と m_1 は同時には 0 とならない（この場合には，$l_1{}^2+m_1{}^2=\cos^2\theta+\sin^2\theta=1$）ので，次式が成立しなければならない．

$$\begin{vmatrix}(\sigma_x-\sigma)&\tau_{xy}\\\tau_{xy}&(\sigma_y-\sigma)\end{vmatrix}=0\tag{1.22}$$

上式を解くと 2 根 σ_1, σ_2 が得られ，それは次のようになる．

$$\sigma_1,\ \sigma_2=\frac{(\sigma_x+\sigma_y)\pm\sqrt{(\sigma_x-\sigma_y)^2+4\tau_{xy}{}^2}}{2}\tag{1.23}$$

2 根 σ_1, σ_2 を**主応力**と呼び，大きい方を σ_1 とする（$\sigma_1>\sigma_2$）．以上の議論より，主応力とはせん断応力が作用しない面に作用する垂直応力のことである．主応力の方向を**主軸**というが，図 1.6 で示したようにせん断応力は常に対をなして存在するから，せん断応力が 0 となる面も直交する．すなわち，二つの主軸は互いに直交することがわかる．

式 (1.18) から式 (1.23) を導出するまでの過程は，線形代数における固有値問題にみられる手順と同じである．すなわち，σ_1 と σ_2 は固有値とみることができ，したがってそれぞれ垂直応力がとりうる最大値と最小値に相当する．また，主軸の方向の方向余弦は固有ベクトルに相当する．

主応力 σ が決まると，主軸の方向は式 (1.21) から次式のように求められる．

$$\frac{m_1}{l_1}=\tan\theta=\frac{\sigma-\sigma_x}{\tau_{xy}},\quad\text{または}\quad\theta=\tan^{-1}\left(\frac{\sigma-\sigma_x}{\tau_{xy}}\right)\tag{1.24}$$

---

* 方向余弦の諸性質については付録 1 を参照せよ．

式 (1.23) と同じ結果は，材料力学でふつう行なわれているように，式 (1.12) の σ_ξ を θ に関して微分し，$d\sigma_\xi/d\theta=0$ という条件からも求めることができる．その方法では，まず σ が最大または最小となる面を決定し，その面にはせん断応力が作用していないことを後で確かめるという手順をとっている．しかし，主応力の物理的意味がわかりやすく，容易に三次元の場合にも拡張できるという観点からは，先に述べた方法を理解する方がよい．記憶するなら，式 (1.23) でなく式 (1.22) の方が望ましい．

【例題 2】

主応力 σ_1 と σ_2 は，それぞれ垂直応力のとりうる最大値と最小値であることを証明せよ．

【解】

主軸1 と $\xi,\ \eta$ 軸との間の方向余弦を (l_1, l_2)，また主軸2 と $\xi,\ \eta$ 軸とのそれを (m_1, m_2) とすると，式 (1.9) より

$$\sigma_\xi = \sigma_1 l_1{}^2 + \sigma_2 m_1{}^2 \leqq \sigma_1 l_1{}^2 + \sigma_1 m_1{}^2 = \sigma_1$$
$$\sigma_\xi = \sigma_1 l_1{}^2 + \sigma_2 m_1{}^2 \geqq \sigma_2 l_1{}^2 + \sigma_2 m_1{}^2 = \sigma_2$$

ゆえに，

$$\sigma_2 \leqq \sigma_\xi \leqq \sigma_1$$

【例題 3】

丸棒がねじりモーメントを受けており，外周での周方向せん断応力が τ のとき，主応力とその方向を求めよ．

【解】

$$\begin{vmatrix} (\sigma_x-\sigma) & \tau_{xy} \\ \tau_{xy} & (\sigma_y-\sigma) \end{vmatrix} = \begin{vmatrix} -\sigma & \tau \\ \tau & -\sigma \end{vmatrix} = \sigma^2 - \tau^2 = 0$$

$$\sigma_1 = \tau, \qquad \sigma_2 = -\tau$$

$$\theta_1 = \tan^{-1}\frac{\sigma_1-\sigma_x}{\tau_{xy}} = \tan^{-1}\frac{\sigma_1}{\tau} = \tan^{-1} 1 = \frac{\pi}{4}$$

$$\theta_2 = \tan^{-1}\frac{\sigma_2-\sigma_x}{\tau_{xy}} = \tan^{-1}\frac{\sigma_2}{\tau} = \tan^{-1}(-1) = -\frac{\pi}{4}$$

この結果は，図 1.16 に示すように，$\sigma_x=\sigma_y=0,\ \tau_{xy}=\tau$ の応力状態が $\pm 45°$ の方向からみれば，$\sigma_1=\tau,\ \sigma_2=-\tau$ の引張りと圧縮であることを意味している．延性材料がねじりを受けると軸に直角な面で破断し，脆性材料は 45° に近い面に沿ってら旋状に破壊するのは

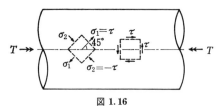

図 1.16

このことと関係している.

（2）　三次元応力状態における主応力

二次元の場合とまったく同様にして，三次元応力状態における三つの主応力 σ_1, σ_2, σ_3（$\sigma_1 \geqq \sigma_2 \geqq \sigma_3$ とする）が満たす条件を導くことができる. 式 (1. 22) の形から容易に推測できるように，結果は次のようになる.

$$\begin{vmatrix} (\sigma_x - \sigma) & \tau_{xy} & \tau_{zx} \\ \tau_{xy} & (\sigma_y - \sigma) & \tau_{yz} \\ \tau_{zx} & \tau_{yz} & (\sigma_z - \sigma) \end{vmatrix} = 0 \tag{1.25}$$

上式を展開すると,

$$\sigma^3 - (\sigma_x + \sigma_y + \sigma_z)\sigma^2 + (\sigma_x\sigma_y + \sigma_y\sigma_z + \sigma_z\sigma_x - \tau_{xy}{}^2 - \tau_{yz}{}^2 - \tau_{zx}{}^2)\sigma$$
$$- (\sigma_x\sigma_y\sigma_z + 2\tau_{xy}\tau_{yz}\tau_{zx} - \sigma_x\tau_{yz}{}^2 - \sigma_y\tau_{zx}{}^2 - \sigma_z\tau_{xy}{}^2) = 0 \tag{1.26}$$

上式のような三次方程式の根を求めるのは，式が特別な形をしていない限りかなりやっかいである*. 定規とコンパスとでは一般の三次方程式を解くことはできないから，モールの応力円は二次元の場合よりさらに価値が少ない. 幸いなことに，実際問題では，$\sigma_x, \sigma_y, \sigma_z, \tau_{xy}, \cdots$ などが与えられて三つの主応力を求めなければならない場合は少ない. 物体の表面の主応力が必要となることはたびたびあるが，その場合には，事実上二次元問題と同じである.

いま仮に，式 (1.26) の 3 根 σ_1, σ_2, σ_3 が求まったとすると，この式は次のように因数分解したものと同じであるはずである.

$$(\sigma - \sigma_1) \cdot (\sigma - \sigma_2) \cdot (\sigma - \sigma_3) = 0 \tag{1.27}$$

上式を展開すると

$$\sigma^3 - J_1\sigma^2 - J_2\sigma - J_3 = 0 \tag{1.28}$$

ここで,

$$J_1 = \sigma_1 + \sigma_2 + \sigma_3$$
$$J_2 = -(\sigma_1\sigma_2 + \sigma_2\sigma_3 + \sigma_3\sigma_1)$$
$$= \frac{1}{6}[(\sigma_1 - \sigma_2)^2 + (\sigma_2 - \sigma_3)^2 + (\sigma_3 - \sigma_1)^2 - 2(\sigma_1 + \sigma_2 + \sigma_3)^2]$$
$$J_3 = \sigma_1\sigma_2\sigma_3$$

---

*　どうしても解く必要がある場合には，数学辞典などを参照すればよい.

　主応力は，座標軸の選び方によらない量であるから，ある応力状態が決まると J_1, J_2, J_3 は場所によって決まる一定値となり，それぞれ第一次，第二次および第三次**応力不変量**と呼ばれている．

　式 (1.26) と式 (1.28) はもともと同じものであるから，両者の係数を比較することによって $(\sigma_x + \sigma_y + \sigma_z)$ や $(\sigma_x \sigma_y + \sigma_y \sigma_z + \cdots)$ なども同じ応力不変量であることがわかる．したがって，主軸，x-y-z 座標系および ξ-η-ζ 座標系からみた応力で応力不変量を表わすと，以下のようになる．

$$J_1 = \sigma_1 + \sigma_2 + \sigma_3 = \sigma_x + \sigma_y + \sigma_z = \sigma_\xi + \sigma_\eta + \sigma_\zeta \tag{1.29}$$

$$J_2 = -(\sigma_1 \sigma_2 + \sigma_2 \sigma_3 + \sigma_3 \sigma_1) = -(\sigma_x \sigma_y + \sigma_y \sigma_z + \sigma_z \sigma_x - \tau_{xy}{}^2 - \tau_{yz}{}^2 - \tau_{zx}{}^2)$$

$$= -(\sigma_\xi \sigma_\eta + \sigma_\eta \sigma_\zeta + \sigma_\zeta \sigma_\xi - \tau_{\xi\eta}{}^2 - \tau_{\eta\zeta}{}^2 - \tau_{\zeta\xi}{}^2) \tag{1.30}$$

$$J_3 = \sigma_1 \sigma_2 \sigma_3 = \sigma_x \sigma_y \sigma_z + 2\tau_{xy}\tau_{yz}\tau_{zx} - \sigma_x \tau_{yz}{}^2 - \sigma_y \tau_{zx}{}^2 - \sigma_z \tau_{xy}{}^2$$

$$= \sigma_\xi \sigma_\eta \sigma_\zeta + 2\tau_{\xi\eta}\tau_{\eta\zeta}\tau_{\zeta\xi} - \sigma_\xi \tau_{\eta\zeta}{}^2 - \sigma_\eta \tau_{\zeta\xi}{}^2 - \sigma_\zeta \tau_{\xi\eta}{}^2 \tag{1.31}$$

　三次方程式 (1.26) を解くことより，解かずに得られた以上の性質を理解する方が重要である．J_1 は，応力状態の静水圧成分の大きさおよび後で述べる応力とひずみの関係（フックの法則）から体積変化と関連する量である．J_2 は，塑性変形の原因の大きさに関係する量といわれている．J_3 の意味は，J_1, J_2 ほど明確ではない．

1.3.5　主せん断応力

　多くの材料は，ある場合は引張垂直応力によって破壊するが，別の条件下では，せん断応力で破損する．せん断応力が原因となる材料の破損は，通常せん断応力が最大となる面に沿って起こる．

　まず，二次元応力状態の最大せん断応力を考える．σ_x, σ_y, τ_{xy} が与えられているとき，図1.8 の ξ＝一定または η＝一定の面に作用するせん断応力 $\tau_{\xi\eta}$ は，式 (1.11) より

$$\tau_{\xi\eta} = \sigma_x l_1 l_2 + \sigma_y m_1 m_2 + \tau_{xy}(l_1 m_2 + l_2 m_1)$$

σ_x, σ_y, τ_{xy} が既知であるから，主応力 σ_1, σ_2 とその方向も求めることができる．そこで，ξ, η 軸と主軸 1, 2 との方向余弦をそれぞれ $'$ をつけて表わすと

$$\tau_{\xi\eta} = \sigma_1 l_1' l_2' + \sigma_2 m_1' m_2', \qquad \sigma_1 > \sigma_2 \tag{1.32}$$

方向余弦の性質より $l_1' l_2' + m_1' m_2' = 0$ であるから

$$\tau_{\xi\eta}=(\sigma_1-\sigma_2)l_1'l_2' \tag{1.33}$$

問題は，どの方向で $\tau_{\xi\eta}$ が最大になるかである．$(\sigma_1-\sigma_2)$ は座標軸のとり方によらない量であるから，$|l_1'l_2'|$ が最大になる面を捜すことになる．一方，$l_1'^2+l_2'^2=1$ であるから，$|l_1'|=|l_2'|$ のとき $\tau_{\xi\eta}$ の絶対値は最大となる．すなわち，そのような ξ 軸の主軸からの角度 θ は

$$\theta=\pi/4, \quad \text{または} \quad (\pi/2+\pi/4) \tag{1.34}$$

そして

$$\tau_{\max}=\mp\frac{1}{2}(\sigma_1-\sigma_2) \tag{1.35}$$

ここで，式 (1.35) の符号 (∓) は，ξ 軸を主軸 1 から 45° 方向にとったとき (−)，135° 方向にとったとき (+) となる．すでに説明したように，せん断応力の符号は座標軸の定義の仕方で変わりうる．

　以上の結論は，せん断応力は主軸間の角を二等分する面に作用するものが最大の絶対値をとることを意味している．

　まったく同様にして，三次元応力状態の三つの主応力を σ_1, σ_2, $\sigma_3(\sigma_1\geqq\sigma_2\geqq\sigma_3)$ とするとき，**主せん断応力** τ_1, τ_2, τ_3 を次のように定義する．

$$\tau_1=\frac{1}{2}|\sigma_2-\sigma_3|, \quad \tau_2=\frac{1}{2}|\sigma_3-\sigma_1|, \quad \tau_3=\frac{1}{2}|\sigma_1-\sigma_2| \tag{1.36}$$

これらの量は，それぞれ一つの主軸の方向からながめたときの応力状態を二次元応力状態とみなし，先に述べた手順で最大のせん断応力を決定したものと解釈してよい．

第 1 章の問題

1.　ベルトを接着材で図 1.17(a) のように突き合せて接着したあと引張試験を行なったところ，ベルトの破断強さの 1/400 の応力で接着部から破断した．そこで，接着部の強度を上げるためベルトを斜めに切り，再び同じ接着材で接着することにした．ベルトが接着部から破断しないためには，図 1.17(b) の角度をどの程度にしたらよ

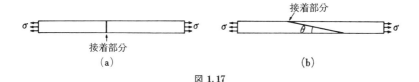

接着部分

(a)　　　　　　　　　　　(b)

図 1.17

いか．ただし，接着部は引張垂直応力のみで分離破断し，せん断応力は影響ないと
仮定せよ．

2.　内外圧が作用する円筒において，内圧 p_i と外圧 p_o が等しいとき，円筒内部の応
力を決定せよ．

3.　丸棒がねじりモーメントを受けており，外周において軸方向と $\theta = \theta_0$ をなす ξ 方
向の垂直応力 σ_ξ とせん断応力 $\tau_{\xi\eta}$ が $\sigma_\xi = \sigma_0$，$\tau_{\xi\eta} = \tau_0$ のとき，$\theta = \theta_0 + \pi/2$ の面に
作用する垂直応力 σ_η を σ_0 で表わせ．ただし，θ は棒の軸方向に対し反時計回りに
測った角度とする．

4.　内部に孔をもたない中実の物体が最初ある応力状態にあり，その後一定圧力 p が
物体の表面にかかるものとするとき，圧力 p の負荷は物体の形がどのようなもので
あっても物体内のせん断応力の大きさを変化させないことを証明せよ（この問題の
結論は，静水圧の増加はせん断応力に起因する物体の変形や破損に寄与しないこと
を意味している．実際，地上でわれわれの手で容易に変形させることができるある
種の物質でも，深海底の高圧にほとんど形状を変えることなく耐えうるのである）．

5.　三つの主応力を σ_1，σ_2，σ_3（$\sigma_1 \geqq \sigma_2 \geqq \sigma_3$）とするとき，任意の方向の垂直応力 σ の
とりうる範囲は $\sigma_3 \leqq \sigma \leqq \sigma_1$ であることを証明せよ．

第 2 章　ひ　ず　み

2.1　二次元問題におけるひずみ

ひずみは物体の変形程度を表わす量である. 図2.1のように板が外力を受

けると, 変形前に板の内部に想像した
小さい長方形要素 ABCD はその位置
が変化する. 二次元問題では, 位置
(x, y) の変化は変位 (u, v) によって表
わされる. 変位 (u, v) が大きいことは,
必ずしも変形程度が大きいことを意味
しない. なぜなら, 物体全体を変形さ
せずにxおよびy方向に移動させるか,

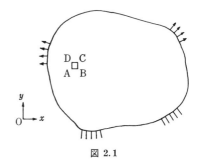

図 2.1

z 軸に関して回転させて座標を変化させることができるからである. このよ
うな例を表 2.1 の (a) と (b) に示している.

実際問題では, 図2.1を例にとれば要素 ABCD の辺の長さの変化率と隣
り合う 2 辺間の角度の変化が重要である. 前者は**垂直ひずみ**, 後者は**せん断
ひずみ**と呼ばれる. 本書では, ひずみと変位が十分小さく, 変形後の物体の
位置が変形前とほとんど変わらない問題を対象とすることにする.

さて, ここで変形前の板の内部の長方形要素 ABCD の 4 頂点の座標を図

表 2.1

	(a)	(b) 回転	(c)	(d)	(e)	(f)
変　形						
ひずみ	$\varepsilon_x = 0$ $\varepsilon_y = 0$ $\gamma_{xy} = 0$	$\varepsilon_x = 0$ $\varepsilon_y = 0$ $\gamma_{xy} = 0$	$\varepsilon_x = \dfrac{\partial u}{\partial x}$ $\varepsilon_y = 0$ $\gamma_{xy} = 0$	$\varepsilon_x = 0$ $\varepsilon_y = \dfrac{\partial v}{\partial y}$ $\gamma_{xy} = 0$	$\varepsilon_x = 0$ $\varepsilon_y = 0$ $\gamma_{xy} = \dfrac{\partial u}{\partial y} + \dfrac{\partial v}{\partial x}$	$\varepsilon_x = \dfrac{\partial u}{\partial x}$ $\varepsilon_y = \dfrac{\partial v}{\partial y}$ $\gamma_{xy} = \dfrac{\partial u}{\partial y} + \dfrac{\partial v}{\partial x}$
回　転	$\omega_z = 0$	$\omega_z = \dfrac{1}{2}\left(\dfrac{\partial v}{\partial x} - \dfrac{\partial u}{\partial y}\right)$	$\omega_z = 0$	$\omega_z = 0$	$\omega_z = \dfrac{1}{2}\left(\dfrac{\partial v}{\partial x} - \dfrac{\partial u}{\partial y}\right)$	$\omega_z = \dfrac{1}{2}\left(\dfrac{\partial v}{\partial x} - \dfrac{\partial u}{\partial y}\right)$

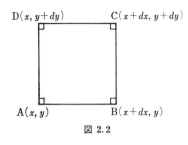

図 2.2

2.2 のように決める．板の変形後，点
A の x 座標が x から $(x+u)$ に変化す
れば，点 B の変形後の x 座標は $(x+u$
$+dx+(\partial u/\partial x)dx)$ と表わすことがで
きる．したがって，AB 間の長さは dx
から $(dx+(\partial u/\partial x)dx)$ に変化したこと
になる．材料力学のひずみの定義に従
えば，x 方向の垂直ひずみ ε_x は次のようになる．

$$\varepsilon_x = \frac{\text{長さの増加}}{\text{もとの長さ}} = \frac{(dx+(\partial u/\partial x)dx) - dx}{dx} = \frac{\partial u}{\partial x} \tag{2.1}$$

同様にして y 方向の垂直ひずみ ε_y は

$$\varepsilon_y = \frac{\partial v}{\partial y} \tag{2.2}$$

したがって，垂直ひずみは単位長さ当りの長さの変化量として定義される．
しかし，ε_x と ε_y だけでは微小要素 ABCD の変形を記述するのに十分では
ない．一般には，変形前の長方形 ABCD の角の直角は変形後は直角を維持
しない．たとえば，長方形
は図 2.3 の (a) のように変
形する．この場合は点 A，
B が移動せず点 D と点 C
は相対的に点 D′ と点 C′ に
移動している．この変形は
角度 γ によって表現できる．

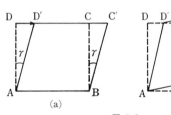

図 2.3

この角度変化はせん断ひずみと呼ばれ，ふつう γ_{xy} と書く*．角度変化は図
2.3(a) よりもむしろ (b) のようになるのがふつうであるが，そのような場
合には，(a) の γ に相当する量は次のように書ける．

$$\gamma_{xy} = \angle \mathrm{DAD'} + \angle \mathrm{BAB'}$$
$$= \frac{\partial u}{\partial y} + \frac{\partial v}{\partial x} \tag{2.3}$$

---

* x 軸と y 軸のなす角の変化であるから γ_{yx} と書いてもよいが，ふつう γ_{xy} と書く．γ_{yx} と
γ_{xy} の関係なども同様である．このことは τ_{yx} を τ_{xy} と書くことと類似である．

さて，図 2.3(a) と (b) でせん断ひずみを等しくしても変形後の位置は異なってくる．これは，角度の変化に加えて要素の z 軸（紙面に直角方向）に関する全体的な**回転**が両者で異なるためである．(a) では辺 AD は γ だけ回転し，辺 AB は回転していないが，このような場合には要素は全体として時計回りに回転しているとみるべきである．また，辺 AD が時計回りに回転した角度と辺 AB が反時計回りに回転した角度が等しい場合には，要素は変形だけで，回転はしていないとみるべきである．したがって，回転のない位置から反時計方向にどれだけの回転 ω_z を加えると，問題にしている角変位の状態が得られるかによって回転を定義するのが合理的である．すなわち，

$$\frac{1}{2}\left(\frac{\partial u}{\partial y}+\frac{\partial v}{\partial x}\right)+\omega_z=\frac{\partial v}{\partial x}, \quad \text{または} \quad \frac{1}{2}\left(\frac{\partial u}{\partial y}+\frac{\partial v}{\partial x}\right)-\omega_z=\frac{\partial u}{\partial y} \qquad (2.4)$$

これから，ω_z として次式が得られる．

$$\omega_z=\frac{1}{2}\left(\frac{\partial v}{\partial x}-\frac{\partial u}{\partial y}\right) \qquad (2.5)$$

このようにして，表 2.1 のような変形の基本的パターンを得る．

表 2.1 の図や図 2.3 では変形を誇張して描いているが，金属材料の弾性範囲内で実際に生ずるひずみは ε も γ も 10^{-3} のオーダであるので，微小量の扱いにはそのことを念頭に入れておかなければならない．

2.2 三次元問題におけるひずみ

三次元問題では，物体の内部に直方体状のブロックを想定し，その直方体の 1 面に注目し，二次元の場合と同様なひずみの定義をする．二次元問題では x-y 平面を考えたが，これに加えて y-z 平面と z-x 平面のひずみと回転の定義をするので，x, y, z 方向の変位 u, v, w から次の 6 個のひずみと 3 個の回転が得られる．

$$\left.\begin{array}{ll} \varepsilon_x=\dfrac{\partial u}{\partial x}, & \varepsilon_y=\dfrac{\partial v}{\partial y}, \qquad \varepsilon_z=\dfrac{\partial w}{\partial z} \\[2mm] \gamma_{xy}=\dfrac{\partial u}{\partial y}+\dfrac{\partial v}{\partial x}, & \gamma_{yz}=\dfrac{\partial v}{\partial z}+\dfrac{\partial w}{\partial y}, \qquad \gamma_{zx}=\dfrac{\partial w}{\partial x}+\dfrac{\partial u}{\partial z} \end{array}\right\} \qquad (2.6)$$

$$\omega_z=\frac{1}{2}\left(\frac{\partial v}{\partial x}-\frac{\partial u}{\partial y}\right), \quad \omega_x=\frac{1}{2}\left(\frac{\partial w}{\partial y}-\frac{\partial v}{\partial z}\right), \quad \omega_y=\frac{1}{2}\left(\frac{\partial u}{\partial z}-\frac{\partial w}{\partial x}\right) \qquad (2.7)$$

ここで，6 個のひずみが 3 個の変位だけから定義されていること，また，同

じひずみ状態に対して異なる無数の回転が存在することに留意しなければならない.

2.3 任意の方向のひずみ——ひずみの変換

2.3.1 二次元のひずみ変換

既知のひずみ成分，たとえば x-y 座標系で定義されたひずみ成分 ε_x, ε_y,

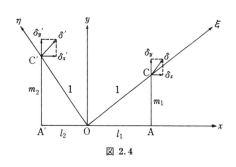

図 2.4

γ_{xy} から他の座標系のひずみを知りたい場合はしばしばある. x-y 座標系と表 1.1 のような方向余弦をもつ ξ-η 座標系におけるひずみ成分 ε_ξ, ε_η, $\gamma_{\xi\eta}$ は，次のようにして求めることができる.

図 2.4 において，点 C と点 C′ はそれぞれ変形前の ξ 軸と η 軸上の点で，OC と OC′ は計算を簡単にするため長さを 1 に選んである.
さて，図 2.4 と図 2.5 を参照すると点 O に対する点 C の相対変位 δ_x, δ_y は次のように書ける.

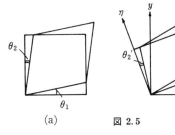

図 2.5 (a) (b)

$$\left.\begin{array}{l}\delta_x=\varepsilon_x l_1+\theta_2 m_1 \\ \delta_y=\theta_1 l_1+\varepsilon_y m_1\end{array}\right\} \tag{2.8}$$

上式で，方向余弦 l_1, m_1 は長さを表わしている. ε_ξ は長さ OC の ξ 方向の伸びを意味するから

$$\varepsilon_\xi=\delta_x l_1+\delta_y m_1 \tag{2.9}$$

上式では，方向余弦は δ_x, δ_y の ξ 方向成分をとるため使われている.

式 (2.8) を式 (2.9) に代入すると

$$\varepsilon_\xi=\varepsilon_x l_1{}^2+\varepsilon_y m_1{}^2+(\theta_1+\theta_2)l_1 m_1=\varepsilon_x l_1{}^2+\varepsilon_y m_1{}^2+\gamma_{xy} l_1 m_1 \tag{2.10}$$

また，点 C′ の点 O に対する相対変位 $\delta_x{}'$, $\delta_y{}'$ は

$$\left.\begin{array}{l}\delta_x{}'=\varepsilon_x l_2+\theta_2 m_2\\ \delta_y{}'=\theta_1 l_2+\varepsilon_y m_2\end{array}\right\} \tag{2.11}$$

であるから ε_η として次式を得る.

$$\varepsilon_\eta=\varepsilon_x l_2{}^2+\varepsilon_y m_2{}^2+\gamma_{xy} l_2 m_2 \tag{2.12}$$

式 (2.8) と式 (2.11) および図 2.5(b) を考慮に入れると，$\gamma_{\xi\eta}$ が次のように得られる.

$$\begin{aligned}\gamma_{\xi\eta}&=\theta_1{}'+\theta_2{}'=(\delta_x l_2+\delta_y m_2)+(\delta_x{}' l_1+\delta_y{}' m_1)\\ &=2\varepsilon_x l_1 l_2+2\varepsilon_y m_1 m_2+\gamma_{xy}(l_1 m_2+l_2 m_1)\end{aligned} \tag{2.13}$$

方向余弦の代わりに $\cos\theta$, $\sin\theta$ を使って ε_ξ, ε_η, $\gamma_{\xi\eta}$ を表現すると

$$\left.\begin{array}{l}\varepsilon_\xi=\varepsilon_x\cos^2\theta+\varepsilon_y\sin^2\theta+\gamma_{xy}\cos\theta\cdot\sin\theta\\[4pt] \varepsilon_\eta=\varepsilon_x\sin^2\theta+\varepsilon_y\cos^2\theta-\gamma_{xy}\cos\theta\cdot\sin\theta\\[4pt] \gamma_{\xi\eta}=2(\varepsilon_y-\varepsilon_x)\cos\theta\cdot\sin\theta+\gamma_{xy}(\cos^2\theta-\sin^2\theta)\end{array}\right\} \tag{2.14}$$

このひずみ変換式と式 (1.12) の応力変換式を比較すると興味深い.

式 (1.12) の σ_ξ, σ_η, $\tau_{\xi\eta}$ をそれぞれ ε_ξ, ε_η, $\gamma_{\xi\eta}/2$ で置き換えると式 (2.14) が得られる. せん断ひずみ $\gamma_{\xi\eta}$ を二つに分けて $\gamma_{\xi\eta}/2$ として扱うと，ひずみは応力と同様，テンソルの性質をもつことが知られている.

2.3.2 三次元のひずみ変換

x, y, z 座標系でのひずみ $\varepsilon_x, \varepsilon_y, \varepsilon_z, \gamma_{xy}\cdots$ などがわかっているとき，ξ, η, ζ 座標系でのひずみを求めるには，二次元の変換の式 (2.10), (2.12), (2.13) にみられる方向余弦の規則性に注目すればよい. これは，応力変換の場合に二次元から三次元への拡張について述べた手順とまったく同様である. 結果を示すと次式のようになる.

$$\left.\begin{array}{l}\varepsilon_\xi=\varepsilon_x l_1{}^2+\varepsilon_y m_1{}^2+\varepsilon_z n_1{}^2+\gamma_{xy} l_1 m_1+\gamma_{yz} m_1 n_1+\gamma_{zx} n_1 l_1\\[4pt] \varepsilon_\eta=\varepsilon_x l_2{}^2+\varepsilon_y m_2{}^2+\varepsilon_z n_2{}^2+\gamma_{xy} l_2 m_2+\gamma_{yz} m_2 n_2+\gamma_{zx} n_2 l_2\\[4pt] \gamma_{\xi\eta}=2(\varepsilon_x l_1 l_2+\varepsilon_y m_1 m_2+\varepsilon_z n_1 n_2)+\gamma_{xy}(l_1 m_2+l_2 m_1)\\[4pt] \qquad+\gamma_{yz}(m_1 n_2+m_2 n_1)+\gamma_{zx}(n_1 l_2+n_2 l_1)\\[4pt] \cdots\cdots\cdots\cdots\end{array}\right\} \tag{2.15}$$

2.4 主ひずみ

せん断ひずみが 0 となるような座標系での垂直ひずみを**主ひずみ**と呼ぶ. 主ひずみは主応力を求めたのと同じ手順で求めることができるが, 座標系の回転の効果によって誤った結果が得られることがあるので注意しなければならない. たとえば, 式 (2.8) の変位は回転 ω_z を含むので, その中味は純粋な変形の項と回転の項に分離することができる. すなわち

$$\left.\begin{array}{l}\delta_x = \varepsilon_x l_1 + \theta_2 m_1 = \varepsilon_x l_1 + \frac{1}{2}(\theta_1+\theta_2)m_1 - \frac{1}{2}(\theta_1-\theta_2)m_1 \\[2mm] \delta_y = \theta_1 l_1 + \varepsilon_y m_1 = \frac{1}{2}(\theta_1+\theta_2)l_1 + \varepsilon_y m_1 + \frac{1}{2}(\theta_1-\theta_2)l_1 \end{array}\right\} \quad (2.16)$$

上式を行列の形にまとめると次のようになる.

$$\begin{Bmatrix}\delta_x \\ \delta_y\end{Bmatrix} = \begin{bmatrix} \varepsilon_x & \frac{1}{2}(\theta_1+\theta_2) \\[2mm] \frac{1}{2}(\theta_1+\theta_2) & \varepsilon_y \end{bmatrix}\begin{Bmatrix}l_1 \\ m_1\end{Bmatrix} + \begin{bmatrix} 0 & -\frac{1}{2}(\theta_1-\theta_2) \\[2mm] \frac{1}{2}(\theta_1-\theta_2) & 0 \end{bmatrix}\begin{Bmatrix}l_1 \\ m_1\end{Bmatrix}$$

$$= \begin{bmatrix} \varepsilon_x & \frac{1}{2}\gamma_{xy} \\[2mm] \frac{1}{2}\gamma_{xy} & \varepsilon_y \end{bmatrix}\begin{Bmatrix}l_1 \\ m_1\end{Bmatrix} + \begin{bmatrix} 0 & -\omega_z \\ \omega_z & 0 \end{bmatrix}\begin{Bmatrix}l_1 \\ m_1\end{Bmatrix} \quad (2.17)$$

上式において第1項は純粋な変形を表わし, 第2項は回転のみの項を表わしている. すなわち, 上式は同じ純粋変形と異なる回転からなる無数の変位の組が存在することを示している. したがって, 主ひずみを求める場合には回転を含まない純粋変形のみの項から求めなければならない. 回転を含まない純粋変形から主ひずみを求める手順は, 主応力を求める手順とまったく同様である. すなわち, 図 2.4 において ξ 軸と η 軸がひずみの**主軸**である条件は点 C と点 C′ が変形後もそれぞれ ξ 軸と η 軸上に留まっていることである. この条件を式で表わせば, 二次元の場合次のようになる.

$$\begin{vmatrix} (\varepsilon_x-\varepsilon) & \frac{1}{2}\gamma_{xy} \\[2mm] \frac{1}{2}\gamma_{xy} & (\varepsilon_y-\varepsilon) \end{vmatrix} = 0 \quad (2.18)$$

これを解くと, 主ひずみ ε_1 と ε_2（$\varepsilon_1 \geqq \varepsilon_2$ とする）は

$$\varepsilon_1, \varepsilon_2 = \frac{(\varepsilon_x + \varepsilon_y) \pm \sqrt{(\varepsilon_x - \varepsilon_y)^2 + \gamma_{xy}^2}}{2} \tag{2.19}$$

主ひずみを決定する手順は，数学的には変形前の円が変形後にだ円になる場合にだ円の主軸を求める手順と同じである．同様に三次元の主ひずみを求める手順は，変形前の球が変形後にだ円体となる場合にその主軸を求める問題に相当している．三次元の主応力の決定と同様な手順によって三次元の主ひずみを決定する次式を得る．

$$\begin{vmatrix} (\varepsilon_x - \varepsilon) & \dfrac{1}{2}\gamma_{xy} & \dfrac{1}{2}\gamma_{zx} \\ \dfrac{1}{2}\gamma_{xy} & (\varepsilon_y - \varepsilon) & \dfrac{1}{2}\gamma_{yz} \\ \dfrac{1}{2}\gamma_{zx} & \dfrac{1}{2}\gamma_{yz} & (\varepsilon_z - \varepsilon) \end{vmatrix} = 0 \tag{2.20}$$

3 個の主ひずみを $\varepsilon_1, \varepsilon_2, \varepsilon_3 (\varepsilon_1 \geqq \varepsilon_2 \geqq \varepsilon_3)$ とすると，上式は次のように因数分解できる．

$$(\varepsilon - \varepsilon_1) \cdot (\varepsilon - \varepsilon_2) \cdot (\varepsilon - \varepsilon_3) = 0 \tag{2.21}$$

上式を展開した式と式 (2.20) を展開した式とは同一のものであるから，次式を得る．

$$\left.\begin{aligned} I_1 &= \varepsilon_x + \varepsilon_y + \varepsilon_z = \varepsilon_1 + \varepsilon_2 + \varepsilon_3 \\ I_2 &= -(\varepsilon_x \varepsilon_y + \varepsilon_y \varepsilon_z + \varepsilon_z \varepsilon_x - \frac{1}{4}\gamma_{xy}^2 - \frac{1}{4}\gamma_{yz}^2 - \frac{1}{4}\gamma_{zx}^2) \\ &= -(\varepsilon_1 \varepsilon_2 + \varepsilon_2 \varepsilon_3 + \varepsilon_3 \varepsilon_1) \\ I_3 &= \varepsilon_x \varepsilon_y \varepsilon_z + \frac{1}{4}\gamma_{xy}\gamma_{yz}\gamma_{zx} - \frac{1}{4}\varepsilon_x \gamma_{yz}^2 - \frac{1}{4}\varepsilon_y \gamma_{zx}^2 - \frac{1}{4}\varepsilon_z \gamma_{xy}^2 \\ &= \varepsilon_1 \varepsilon_2 \varepsilon_3 \end{aligned}\right\} \tag{2.22}$$

主ひずみは座標軸のとり方とは無関係な量であるから，I_1, I_2 および I_3 は不変量である．I_1, I_2 および I_3 はそれぞれひずみの第一，第二および第三**不変量**と呼ばれている．

主軸から変形をながめると，変形前の立方体の直角が変形後も変化しないことから，I_1 は体積変化を表わすことがわかる．このことは，変形後に直角が変化するような座標系からながめるとわかりにくい．また二次元問題では，$(\varepsilon_x + \varepsilon_y)$ は面積変化を表わすことが理解できる．以上のひずみの諸性質は応

力の性質とよく似ているが，応力とはまったく独立に得られた性質であることを理解しておかなければならない．

2.5　適合条件

式 (2.6) にみられるように，6 個のひずみ成分（$\varepsilon_x, \varepsilon_y, \varepsilon_z, \gamma_{xy}, \gamma_{yz}, \gamma_{zx}$）は 3 個の変位成分（$u, v, w$）によって定まる．逆に，6 個のひずみ成分から 3 個の変位成分が一義的に決まるかどうかを考えてみる．仮に，6 個のひずみ成分が x, y, z の勝手な関数であるとすると，ひずみから 3 個の変位を決定するには必ずしも 6 個のひずみを必要としないので，そのひずみの選び方によっては同一場所の変位として異なったものが得られる可能性がある．すなわち，変形前の同一点が変形後 食違いを生ずるおそれがある．最初からこのような食違い（たとえば転位など）を含む問題を扱う場合には，その食違いの量を指定して解を求める方法がとられるが，一般の問題では同一点の変位が一価でないことは，解としての資格がないことになる．したがって，解としてそのような不都合が生じないためには，6 個のひずみの間に何らかの拘束条件が成立しなければならない．この条件を**適合条件***という．適合条件は次のようにして導かれる．

$\partial/\partial x, \partial/\partial y, \partial/\partial z$ を微分演算子 D_x, D_y, D_z で表わすと

$$\left.\begin{array}{l}\varepsilon_x=D_xu, \quad \varepsilon_y=D_yv, \quad \varepsilon_z=D_zw \\ \gamma_{xy}=D_yu+D_xv, \quad \gamma_{yz}=D_zv+D_yw, \quad \gamma_{zx}=D_xw+D_zu\end{array}\right\} \quad (2.23)$$

ここで，$\varepsilon_x, \varepsilon_y, \varepsilon_z, \cdots$ などを（u, v, w）三次元空間**のベクトルとみなす．そうすると，6 個のひずみ成分から任意の 4 個を取り出して考えると，これらは一次従属の関係になければならない．

［例］ $\varepsilon_x, \varepsilon_y, \varepsilon_z, \gamma_{xy}$ の 4 個を選ぶと，一次従属関係は次のように書ける．

$$c_1\varepsilon_x+c_2\varepsilon_y+c_3\varepsilon_z=\gamma_{xy} \quad (\text{a})$$

$$c_1D_xu+c_2D_yv+c_3D_zw=D_yu+D_xv \quad (\text{b})$$

したがって，

$$c_1=\frac{D_y}{D_x}, \quad c_2=\frac{D_x}{D_y}, \quad c_3=0 \quad (\text{c})$$

---

* これは Saint-Venant (1864) によって指摘された．
** 正しくは三次元アフィン空間．

(c) を (a) に代入すると

$$\frac{D_y}{D_x}\varepsilon_x+\frac{D_x}{D_y}\varepsilon_y=\gamma_{xy} \tag{d}$$

これから，

$$D_y{}^2\varepsilon_x+D_x{}^2\varepsilon_y=D_xD_y\gamma_{xy} \tag{e}$$

すなわち

$$\frac{\partial^2\varepsilon_x}{\partial y^2}+\frac{\partial^2\varepsilon_y}{\partial x^2}=\frac{\partial^2\gamma_{xy}}{\partial x\cdot\partial y} \tag{f}$$

これが，適合条件のうちの一つである.

　6個のひずみ成分から4個を選ぶ選び方は ${}_6C_4=15$ 組である. この 15 組の組合せすべてについて上の例と同様な検討を行ない重複したものを省くと，結局 適合条件式として次の 6 個の式を得る.

$$\left.\begin{array}{ll}\dfrac{\partial^2\varepsilon_x}{\partial y^2}+\dfrac{\partial^2\varepsilon_y}{\partial x^2}=\dfrac{\partial^2\gamma_{xy}}{\partial x\cdot\partial y}, & 2\dfrac{\partial^2\varepsilon_x}{\partial y\cdot\partial z}=\dfrac{\partial}{\partial x}\left(-\dfrac{\partial\gamma_{yz}}{\partial x}+\dfrac{\partial\gamma_{zx}}{\partial y}+\dfrac{\partial\gamma_{xy}}{\partial z}\right)\\[3mm]\dfrac{\partial^2\varepsilon_y}{\partial z^2}+\dfrac{\partial^2\varepsilon_z}{\partial y^2}=\dfrac{\partial^2\gamma_{yz}}{\partial y\cdot\partial z}, & 2\dfrac{\partial^2\varepsilon_y}{\partial z\cdot\partial x}=\dfrac{\partial}{\partial y}\left(\dfrac{\partial\gamma_{yz}}{\partial x}-\dfrac{\partial\gamma_{zx}}{\partial y}+\dfrac{\partial\gamma_{xy}}{\partial z}\right)\\[3mm]\dfrac{\partial^2\varepsilon_z}{\partial x^2}+\dfrac{\partial^2\varepsilon_x}{\partial z^2}=\dfrac{\partial^2\gamma_{zx}}{\partial z\cdot\partial x}, & 2\dfrac{\partial^2\varepsilon_z}{\partial x\cdot\partial y}=\dfrac{\partial}{\partial z}\left(\dfrac{\partial\gamma_{yz}}{\partial x}+\dfrac{\partial\gamma_{zx}}{\partial y}-\dfrac{\partial\gamma_{xy}}{\partial z}\right)\end{array}\right\} \tag{2.24}$$

　式 (2.24) は，ひずみが式 (2.6) または式 (2.23) で定義されるとき成立しなければならない必要条件である. また，逆に式 (2.24) は，式 (2.6) によってひずみと関連づけられる量 (u,v,w) の存在を保証するための十分条件であることを証明することができるが，証明は難解であるので他の文献* にゆずる.

第 2 章の問題

1.　一般に，垂直ひずみに比べてせん断ひずみは測定がむずかしい量である. せん断ひずみを測定せず垂直ひずみだけからせん断ひずみを決定するには，垂直ひずみに関する情報として最低どのようなものが必要か.

2.　変形前の板に x-y 座標系を描く. x 軸上に点 A，y 軸上に点 B をとり，OA$=a$，OB$=b$ とする. 板が ε_x，ε_y，γ_{xy} の一様なひずみを受けるとき，△OAB の面積の変化率を求めよ.

---

*　たとえば，I. S. Sokolnikoff, "Mathematical Theory of Elasticity" Second ed., McGraw-Hill (1956).

3. 表 2.1 の (c) では $\gamma_{xy}=0$ であるが，x-y 座標系とは異なる ξ-η 座標系からみると $\gamma_{\xi\eta}\neq0$ であることを証明せよ．しかし，回転 ω_z は ξ-η 座標系からみても $\omega_z=0$ となることを示せ．

4. 負荷を受けている板のある限られた領域の応力とひずみ分布の近似式を作成するため，板の表面の 6 点を選び抵抗線ひずみゲージを貼って 3 方向の垂直ひずみ ε_x，ε_y，$\varepsilon_{45°}$ を測定した．

ε_x と ε_y に関しては，6 点ともうまく測定することができたので，次式のような近似式を作成することができた．

$$\varepsilon_x=a_0+a_1x+a_2y+a_3x^2+a_4y^2+a_5xy \tag{a}$$

$$\varepsilon_y=b_0+b_1x+b_2y+b_3x^2+b_4y^2+b_5xy \tag{b}$$

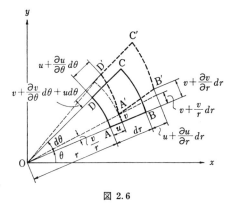

しかし，$\varepsilon_{45°}$ に関しては，1 点だけ断線のため測定できず，5 点のデータだけ得られた．このような場合に，γ_{xy} を次式のように近似的に表わす合理的な方法があるだろうか．

$$\gamma_{xy}=c_0+c_1x+c_2y+c_3x^2+c_4y^2+c_5xy \tag{c}$$

5. 図 2.6 を参照して**極座標系（r, θ）におけるひずみ成分**は次式のようになることを示せ．ただし，u は r 方向変位，v は θ 方向変位である．

図 2.6

$$\left.\begin{aligned}\varepsilon_r&=\frac{\partial u}{\partial r}\\\varepsilon_\theta&=\frac{u}{r}+\frac{1}{r}\cdot\frac{\partial v}{\partial\theta}\\\gamma_{r\theta}&=\frac{1}{r}\cdot\frac{\partial u}{\partial\theta}+\frac{\partial v}{\partial r}-\frac{v}{r}\end{aligned}\right\} \tag{2.25}$$

上式において，ε_θ の式の中の第 1 項の重要性は見落されがちになるが，軸対称問題で θ 方向変位 v が 0 の場合にも半径方向変位 u と直接関連していることに注意しなければならない．その場合に，ε_r と u の関連の仕方との違いにも注目すべきである．

第3章　応力とひずみの関係——一般化された フックの法則

　等方均質性材料の応力とひずみの弾性範囲における関係を導く．**等方性**材料とは，方向によって弾性的性質の変わらないものをいう．完全に等方性を示す材料はない．また，微視的にみれば多くの材料は**異方性**をもっている．しかし，そのような微視的構造が無秩序に配置されておれば，巨視的には近似的に等方性とみなすことができる．**均質性**とは，場所によって弾性的性質が変わらないことをいう．完全な均質材料はなく，特に結晶単位に微視的にみれば異なる組織をもつ構造は均質とはいえない．また，さらにオーダの小さいレベルで物質をみると，連続体としての性質も失われる．しかし，結晶などを組織の最小単位とみたとき，これらの最小単位に比べてはるかに大きい領域を扱う場合には全体的に均質とみなせる場合が多いので，本書では等方均質な材料についての弾性力学を扱う．さらに，ひずみが微小で応力とひずみの関係が線形関係にある場合のみを扱う．

　応力とひずみは互いに関数関係にあると考えられる．たとえば，

$$\sigma_x = f(\varepsilon_x, \varepsilon_y, \varepsilon_z, \gamma_{xy}, \cdots) \tag{3.1}$$

のように書くことができる．$\varepsilon_x = \varepsilon_y = \varepsilon_z = \gamma_{xy} = \cdots = 0$ の場合は $\sigma_x = 0$ であるから，σ_x をひずみの関数とみてテーラー展開し，二次以上の微小項を省略すると次のようになる．

$$\sigma_x = c_{11}\varepsilon_x + c_{12}\varepsilon_y + c_{13}\varepsilon_z + c_{14}\gamma_{xy} + c_{15}\gamma_{yz} + c_{16}\gamma_{zx} \tag{3.2}$$

　上式で，$c_{11} \sim c_{16}$ は材料定数である．他の成分についても同様な表現ができるので，まとめて次のように書ける．

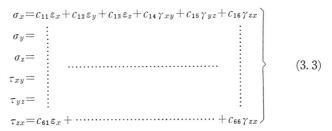

$$\left.\begin{aligned}
\sigma_x &= c_{11}\varepsilon_x + c_{12}\varepsilon_y + c_{13}\varepsilon_z + c_{14}\gamma_{xy} + c_{15}\gamma_{yz} + c_{16}\gamma_{zx}\\
\sigma_y &= \\
\sigma_z &= \\
\tau_{xy} &= \\
\tau_{yz} &= \\
\tau_{zx} &= c_{61}\varepsilon_x + \cdots + c_{66}\gamma_{zx}
\end{aligned}\right\} \tag{3.3}$$

上の関係は，ひずみを左辺にもってくると次のようになる．

$$
\left.
\begin{aligned}
\varepsilon_x &= a_{11}\sigma_x + a_{12}\sigma_y + a_{13}\sigma_z + a_{14}\tau_{xy} + a_{15}\tau_{yz} + a_{16}\tau_{zx} \\
\varepsilon_y &= a_{21}\sigma_x + a_{22}\sigma_y + a_{23}\sigma_z + a_{24}\tau_{xy} + a_{25}\tau_{yz} + a_{26}\tau_{zx} \\
\varepsilon_z &= a_{31}\sigma_x + a_{32}\sigma_y + a_{33}\sigma_z + a_{34}\tau_{xy} + a_{35}\tau_{yz} + a_{36}\tau_{zx} \\
\gamma_{xy} &= a_{41}\sigma_x + a_{42}\sigma_y + a_{43}\sigma_z + a_{44}\tau_{xy} + a_{45}\tau_{yz} + a_{46}\tau_{zx} \\
\gamma_{yz} &= a_{51}\sigma_x + a_{52}\sigma_y + a_{53}\sigma_z + a_{54}\tau_{xy} + a_{55}\tau_{yz} + a_{56}\tau_{zx} \\
\gamma_{zx} &= a_{61}\sigma_x + a_{62}\sigma_y + a_{63}\sigma_z + a_{64}\tau_{xy} + a_{65}\tau_{yz} + a_{66}\tau_{zx}
\end{aligned}
\right\}
\tag{3.4}
$$

ここで，$a_{ij}(i,j=1\sim6)$ は弾性係数に関係した量である．式 (3.4) の第1式

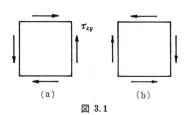

(a)　　　　(b)

図 3.1

を例にとると，先入観なしに考えるとき，τ_{xy} が作用すれば ε_x に影響する可能性があることを意味している．しかし，このようなことは起こらない．

　もし，$a_{14}>0$ ならば，図 3.1(a) のように，正の τ_{xy} が作用するとき $\varepsilon_x>0$ となる．すなわち，x 方向に伸びる．逆に，(b) のように $\tau_{xy}<0$ の場合には x 方向に縮むことになる．しかし，(a) を紙面の裏からみると (b) のようになっており $\varepsilon_x<0$ となる．このように，$a_{14}>0$ なら矛盾した結論が導かれ，$a_{14}<0$ でも同様である．結局，$a_{14}=0$ でなければならない．以下，同様な考察によって次の関係を得る．

$$
\left.
\begin{aligned}
a_{14} &= a_{15} = a_{16} = 0 \\
a_{24} &= a_{25} = a_{26} = 0 \\
a_{34} &= a_{35} = a_{36} = 0 \\
a_{41} &= a_{42} = a_{43} = a_{45} = a_{46} = 0 \\
a_{51} &= a_{52} = a_{53} = a_{54} = a_{56} = 0 \\
a_{61} &= a_{62} = a_{63} = a_{64} = a_{65} = 0
\end{aligned}
\right\}
\tag{3.5}
$$

　また，均質等方性を考慮して

$$
\left.
\begin{aligned}
a_{11} &= a_{22} = a_{33} = a_1 \\
a_{12} &= a_{13} = a_{21} = a_{23} = a_{31} = a_{32} = a_2 \\
a_{44} &= a_{55} = a_{66} = a_3
\end{aligned}
\right\}
\tag{3.6}
$$

したがって，

$$\left.\begin{array}{l}\varepsilon_x=a_1\sigma_x+a_2(\sigma_y+\sigma_z)\\[2pt]\varepsilon_y=a_1\sigma_y+a_2(\sigma_z+\sigma_x)\\[2pt]\varepsilon_z=a_1\sigma_z+a_2(\sigma_x+\sigma_y)\end{array}\right\} \tag{3.7}$$

$$\gamma_{xy}=a_3\tau_{xy},\quad \gamma_{yz}=a_3\tau_{yz},\quad \gamma_{zx}=a_3\tau_{zx} \tag{3.8}$$

式 (3.8) より，せん断応力が作用しない座標系ではせん断ひずみも 0 となるから，応力の主軸とひずみの主軸は一致することがわかる.

したがって，主軸の方向のひずみについては

$$\left.\begin{array}{l}\varepsilon_1=a_1\sigma_1+a_2(\sigma_2+\sigma_3)\\[2pt]\varepsilon_2=a_1\sigma_2+a_2(\sigma_3+\sigma_1)\\[2pt]\varepsilon_3=a_1\sigma_3+a_2(\sigma_1+\sigma_2)\end{array}\right\} \tag{3.9}$$

方向余弦を主軸 $(1,2,3)$ と (x,y,z) 座標軸の間で定義すると，γ_{xy} を ε_1, ε_2, ε_3 で，また，τ_{xy} を σ_1, σ_2, σ_3 で表わすことができる. すなわち，式 (2.15) と式 (1.15) より

$$\gamma_{xy}=2(\varepsilon_1 l_1 l_2+\varepsilon_2 m_1 m_2+\varepsilon_3 n_1 n_2) \tag{3.10}$$

$$\tau_{xy}=\sigma_1 l_1 l_2+\sigma_2 m_1 m_2+\sigma_3 n_1 n_2 \tag{3.11}$$

ここで，式 (3.8) の第1式と式 (3.9)，(3.10)，(3.11) の関係を考慮すると，a_3 は a_1, a_2 と独立ではないことがわかる. すなわち，式 (3.8) と式 (3.10)，(3.11) より

$$2(\varepsilon_1 l_1 l_2+\varepsilon_2 m_1 m_2+\varepsilon_3 n_1 n_2)=a_3(\sigma_1 l_1 l_2+\sigma_2 m_1 m_2+\sigma_3 n_1 n_2)$$

上式の左辺に式 (3.9) を代入すると

左辺$=2[a_1(\sigma_1 l_1 l_2+\sigma_2 m_1 m_2+\sigma_3 n_1 n_2)+a_2(\sigma_1+\sigma_2+\sigma_3)\cdot(l_1 l_2+m_1 m_2+n_1 n_2)$
$\qquad -a_2(\sigma_1 l_1 l_2+\sigma_2 m_1 m_2+\sigma_3 n_1 n_2)]$

$\qquad =2(a_1-a_2)\cdot(\sigma_1 l_1 l_2+\sigma_2 m_1 m_2+\sigma_3 n_1 n_2)$

ゆえに，

$$a_3=2(a_1-a_2) \tag{3.12}$$

となり，独立な弾性係数は 2 個であることがわかる. ここで，

$$a_1=\frac{1}{E},\quad a_2=-\nu a_1 \tag{3.13}$$

と置くと

$$a_3=2(1+\nu)/E \tag{3.14}$$

したがって，等方均質材料の**一般化されたフックの法則**として次式を得る.

$$\left.\begin{aligned}\varepsilon_x&=\frac{1}{E}[\sigma_x-\nu(\sigma_y+\sigma_z)]\\ \varepsilon_y&=\frac{1}{E}[\sigma_y-\nu(\sigma_z+\sigma_x)]\\ \varepsilon_z&=\frac{1}{E}[\sigma_z-\nu(\sigma_x+\sigma_y)]\\ \gamma_{xy}&=\tau_{xy}/G,\quad \gamma_{yz}=\tau_{yz}/G,\quad \gamma_{zx}=\tau_{zx}/G\end{aligned}\right\}\tag{3.15}$$

ここで，E：**ヤング率**（**縦弾性係数**，Young's modulus)

ν：**ポアソン比**（Poisson's ratio)

G：**せん断弾性係数**（**横弾性係数**，shear modulus)

と呼び，G と E と ν の間には次の関係がある．

$$G=E/2(1+\nu)\tag{3.16}$$

また，円柱座標系（r,θ,z）におけるフックの法則は次のようになる．

$$\left.\begin{aligned}\varepsilon_r&=\frac{1}{E}[\sigma_r-\nu(\sigma_\theta+\sigma_z)]\\ \varepsilon_\theta&=\frac{1}{E}[\sigma_\theta-\nu(\sigma_z+\sigma_r)]\\ \varepsilon_z&=\frac{1}{E}[\sigma_z-\nu(\sigma_r+\sigma_\theta)]\\ \gamma_{r\theta}&=\tau_{r\theta}/G,\quad \gamma_{\theta z}=\tau_{\theta z}/G,\quad \gamma_{zr}=\tau_{zr}/G\end{aligned}\right\}\tag{3.17}$$

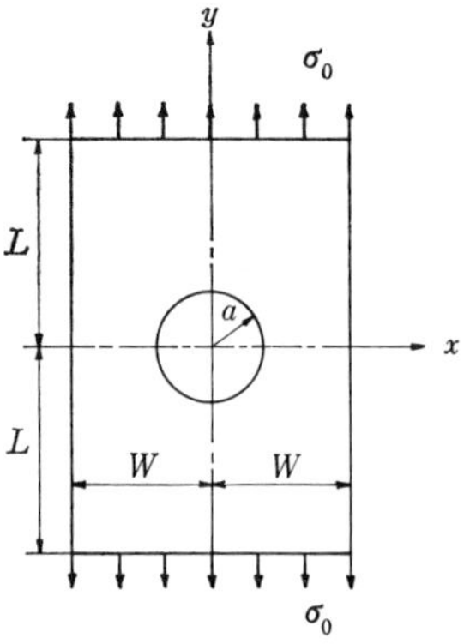

厚さ：1

図 3.2

【例題】

図3.2のように中央に円孔をもつ長方形板の端部に引張応力 $\sigma_y=\sigma_0$ が作用しているとき，せん断応力が明らかに0となる線上を指摘せよ．ただし，0となるせん断応力については $\tau_{\circ\triangle}$ のように座標系 ○△ を明示せよ．また，そのせん断応力が0となる理由も記せ．

【解】

自由表面にはせん断応力が作用していないから，その線上は容易に明示できる．また，フックの法則によってせん断応力はせん断ひずみと関係づけられているので，自由表面でなくてもせん断ひずみが明らかに0となる線上がわかれば，その線に沿うせん断応力はないといえる．そのような場所は次のようにしてみつけることができる．せん断ひずみは変形前に直角であった角度の変化であるから，直角が変形後も維持されればせん断ひずみが0となり，その結果，せん断応力も0と結論

できる．この判定を具体的にしかも容易に行なうには，問題としている場所に十字線（＋）を想定してみればよい．その十字線の直角がゆがむかどうかで判定できる．

以上の手順に従って，図3.2については次のような結果が導かれる．

$$
\left.
\begin{aligned}
&y = \pm L \quad \text{上で } \tau_{xy}=0 \\
&x = \pm W \quad \text{上で } \tau_{xy}=0 \\
&r = a \quad \text{の円孔縁で } \tau_{r\theta}=0
\end{aligned}
\right\} \quad \text{理由：自由表面であるから}
$$

$$
\left.
\begin{aligned}
&x \text{ 軸上で } \tau_{xy}=0 \\
&y \text{ 軸上で } \tau_{xy}=0
\end{aligned}
\right\} \quad \text{理由：十字線を描いても対称性からゆがまないから}
$$

この問題は，一見やさしくみえるが，せん断応力がたまたま0になる場所と方向を指摘するのではなく，計算なしに直観的にある特定の方向のせん断応力が0となる線上を判断する能力が実際問題ではたびたび要求されることから重要である．また，このような能力はさらに高度の問題や三次元問題を考える際にも役立つ．

フックの法則は，単に式（3.15）の形式の重要性だけでなく，第1章の応力の性質と第2章のひずみの性質を結びつける役目を果たしており，そのことから種々の実際問題と関連が生まれてくる．

第3章の問題

1. 円柱座標系 (r, θ, z) におけるフックの法則（式（3.17））を証明せよ．
2. ねじりモーメント T を受ける直径 d の軸がある．軸の表面において，軸方向と θ をなす方向の垂直ひずみを抵抗線ひずみゲージで測定したところ ε_0 であった．$\theta = 30°$，$d = 50\,\text{mm}$，$\varepsilon_0 = 500 \times 10^{-6}$，ヤング率 $E = 206\,\text{GPa}$，ポアソン比 $\nu = 0.3$ のとき次の問に答えよ．

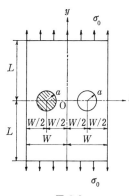

図 3.3

（1）垂直ひずみを測定した方向の垂直応力 σ を求めよ．

（2）T を決定せよ．

3. 図3.3のように長方形板に円形剛体と円孔がある．$y = \pm L$ の端部に引張応力 $\sigma_y = \sigma_0$ を加えるとき，せん断応力が明らかに0となる線上を示せ．ただし，0となるせん断応力については $\tau_{\circ\triangle}$ のように座標系 ○△ を指示すること．また，そのせん断応力が0となる理由も記せ．

4. 材料 A よりなる直径 d の丸棒の外周表面にごく薄く材料 B をめっきする．材料 A の丸棒の軸方向の応力が σ となるように引張るとき，材料 B 中の軸方向応力 σ_z，半径方向応力 σ_r，円周方向応力 σ_θ を求めよ．ただし，材料 A と B の（ヤング率，ポアソン比）をそれぞれ (E_A, ν_A)，(E_B, ν_B) とする．

（ 32 ）

第4章　平衡方程式

外力を受け静止した物体（図 4.1）の中に微小要素を考えると，その微小要素は外側の材料から力を受けている．また，内部に体積力*(X, Y, Z)も

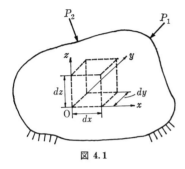

図 4.1

作用しているかもしれないが，これらはすべて平衡を保っている．

　さて，図4.1から微小要素を取り出して，その要素の表面に作用するx方向の力を応力と微小面積の積で表わすと図4.2のようになる．体積力も考慮してx方向の力の平衡を式で表現すると，次のようになる．

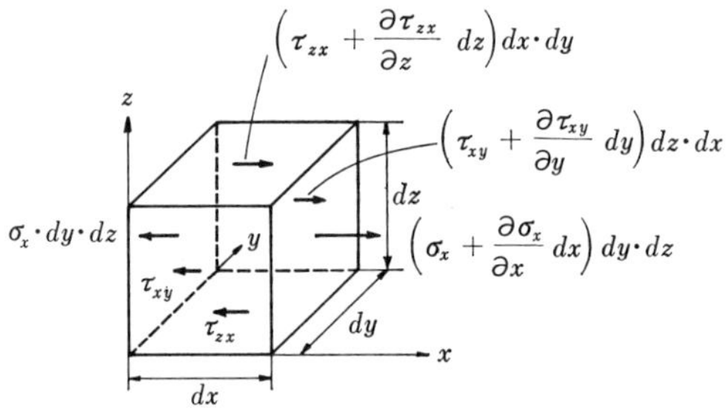

図 4.2

$$\left(\sigma_x+\frac{\partial \sigma_x}{\partial x}dx\right)dy\cdot dz-\sigma_x dy\cdot dz+\left(\tau_{xy}+\frac{\partial \tau_{xy}}{\partial y}dy\right)dz\cdot dx-\tau_{xy}dz\cdot dx$$
$$+\left(\tau_{zx}+\frac{\partial \tau_{zx}}{\partial z}dz\right)dx\cdot dy-\tau_{zx}dx\cdot dy+Xdx\cdot dy\cdot dz=0 \qquad (4.1)$$

上式を整理すると

$$\left(\frac{\partial \sigma_x}{\partial x}+\frac{\partial \tau_{xy}}{\partial y}+\frac{\partial \tau_{zx}}{\partial z}+X\right)dx\cdot dy\cdot dz=0 \qquad (4.2)$$

上式が常に成り立つためには

---

* 物体力（body force）ともいう．

$$\frac{\partial \sigma_x}{\partial x}+\frac{\partial \tau_{xy}}{\partial y}+\frac{\partial \tau_{zx}}{\partial z}+X=0 \tag{4.3}$$

y 方向と z 方向の力の平衡条件式も同様にして得られる．これらをまとめて書くと

$$\left.\begin{array}{l} \dfrac{\partial \sigma_x}{\partial x}+\dfrac{\partial \tau_{xy}}{\partial y}+\dfrac{\partial \tau_{zx}}{\partial z}+X=0 \\[2mm] \dfrac{\partial \tau_{xy}}{\partial x}+\dfrac{\partial \sigma_y}{\partial y}+\dfrac{\partial \tau_{yz}}{\partial z}+Y=0 \\[2mm] \dfrac{\partial \tau_{zx}}{\partial x}+\dfrac{\partial \tau_{yz}}{\partial y}+\dfrac{\partial \sigma_z}{\partial z}+Z=0 \end{array}\right\} \tag{4.4}$$

体積力 (X, Y, Z) の具体的な例としては，重力，遠心力，電磁力などがある．三次元問題では**平衡方程式**は 3 個で未知量は 6 個 ($\sigma_x, \sigma_y, \sigma_z, \tau_{xy}, \tau_{yz}, \tau_{zx}$) である．二次元問題の平衡方程式は，式 (4.4) の z に関する項を除いて次のようになる．

$$\left.\begin{array}{l} \dfrac{\partial \sigma_x}{\partial x}+\dfrac{\partial \tau_{xy}}{\partial y}+X=0 \\[2mm] \dfrac{\partial \tau_{xy}}{\partial x}+\dfrac{\partial \sigma_y}{\partial y}+Y=0 \end{array}\right\} \tag{4.5}$$

二次元問題では，平衡方程式は 2 個で未知量は 3 個である．二次元と三次元では，平衡方程式の個数と未知量の個数の差が異なることに注意しなければならない*．

軸対称形状の問題では，平衡方程式の極座標表示を用いるが，式 (4.5) に相当する (r, θ) 極座標系の平衡方程式は次のようになる．

$$\left.\begin{array}{l} \dfrac{\partial \sigma_r}{\partial r}+\dfrac{1}{r}\cdot\dfrac{\partial \tau_{r\theta}}{\partial \theta}+\dfrac{\sigma_r-\sigma_\theta}{r}+F_r=0 \\[2mm] \dfrac{1}{r}\cdot\dfrac{\partial \sigma_\theta}{\partial \theta}+\dfrac{\partial \tau_{r\theta}}{\partial r}+\dfrac{2\tau_{r\theta}}{r}+F_\theta=0 \end{array}\right\} \tag{4.6}$$

ここで，F_r と F_θ はそれぞれ r と θ 方向の体積力である．

【例題】
図 4.3 に示すような片持ばりの先端に荷重 P が作用するとき，荷重点から離れた断面におけるせん断応力 τ_{xy} の分布を決定せよ．

---

* 応力関数の項 (6.3 節) 参照のこと．

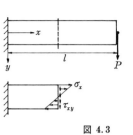

図 4.3

【解】

　この問題では，平衡方程式 (4.5) は次のようになる．

$$\frac{\partial \sigma_x}{\partial x} + \frac{\partial \tau_{xy}}{\partial y} = 0 \qquad (\text{a})$$

$$\frac{\partial \tau_{xy}}{\partial x} = 0 \qquad (\text{b})$$

　図 4.3 において，はりを上に凸に曲げるような曲げモーメントを正と定義すると

$$M = P(l-x) \qquad (\text{c})$$

曲げモーメントによる x 方向応力 σ_x は

$$\sigma_x = -\frac{M}{Z}\cdot\frac{2y}{h} = -\frac{2P}{hZ}(l-x)y ; \quad Z=\frac{bh^2}{6} \qquad (\text{d})$$

(d) の σ_x を (a) に代入すると

$$\frac{\partial \tau_{xy}}{\partial y} = -\frac{2P}{hZ}y \qquad (\text{e})$$

したがって

$$\tau_{xy} = -\frac{P}{hZ}y^2 + f(x) \qquad (\text{f})$$

　(b) と (f) より，$f(x)=$ 一定値である．また，τ_{xy} は $y=\pm h/2$ で 0 となるから，結局 次式のような放物線分布を表わす結果が得られる．

$$\tau_{xy} = \frac{P}{hZ}\left(\frac{h^2}{4} - y^2\right) \qquad (\text{g})$$

これから τ_{xy} の最大値 $\tau_{xy\,max}$ は $y=0$ において次のようになる．

$$\tau_{xy\,max} = \frac{3P}{2bh} \qquad (\text{h})$$

$\tau_{xy\,max}$ は平均値 $P/(bh)$ の 1.5 倍であることがわかる．

第4章の問題

1.　式 (4.6) を導け．

2.　平衡方程式 (4.4) は応力で表わされているが，応力はフックの法則によってひずみと関係づけられているので，**平衡方程式をひずみで表現**することもできる．そのことを実際に示せ．また，さらに，**平衡方程式を変位で表わす**とどのようになるか．

3.　前頁の【例題】で示した片持ばりの断面が長方形でなく二等辺三角形（高さ h，底辺 $2a$）の場合のせん断応力の分布を決定せよ．

第5章　サンブナンの原理と境界条件

5.1　サンブナンの原理

　図5.1は，長方形板の上下の端面の中央に集中荷重をかけて引張ったときの内部の応力分布を示している．計算は有限要素法*で行なった．図 5.1(b) は，図 5.1(a) の斜線部の分割図で問題の対称性からこの部分のみを境界条件を考慮して計算した**．応力分布は図 (a) の A-A，B-B，C-C 断面を調べ，その結果を図 (c) に示している．図 (c) において○印を結ぶ実線が応力分布で，水平の破線は引張荷重 P を断面積で割った平均の応力を示している．応力分布は，荷重点に近い A-A 断面から板の中心の C-C 断面へ移るに従ってしだいに平坦になっており，C-C 断面の応力分布はほとんど一様に

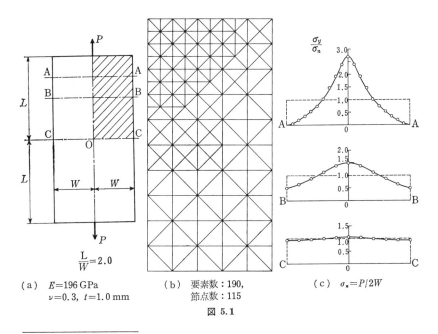

（a）　$E=196\,\mathrm{GPa}$
　　　$\nu=0.3,\ t=1.0\,\mathrm{mm}$
　　　$\dfrac{L}{W}=2.0$

（b）　要素数：190，
　　　節点数：115

（c）　$\sigma_n = P/2W$

図 5.1

---

*　第9章を参照のこと．
**　第9.2.5項参照のこと．

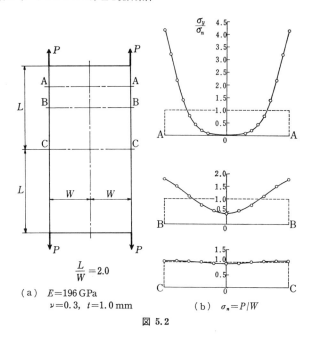

図 5.2

近い．図 5.1(a) からわかるように，$L=2W$ であるから，C-C 断面は荷重
点からちょうど板幅に等しい距離だけ離れている．

　図 5.2 は，荷重点が上下端の両角になっている場合の応力分布を示してい
る．この場合は，A-A 断面での応力分布は図 5.1 の A-A 断面と異なり板
の両側の応力が高くなっている．しかし，C-C 断面での応力分布は図 5.1 の
場合と同様ほとんど平坦になっている．このことは，図 5.1 の場合の引張荷
重 P を図 5.2 の P の 2 倍にすれば，C-C 断面の応力分布は両者でほぼ等し
いことを意味している．このように，端面での荷重のかけ方が異なっていて
も荷重の総量が静的に等しければ，端面近くの応力分布は荷重のかけ方によ
って著しく異なるけれども，端面から遠く離れたところでは応力分布はほぼ
等しくなる現象を**サンブナンの原理** (Saint-Venant's principle) という．

　図 5.1 と図 5.2 の例は，サンブナンの原理の比較的簡単な例であるが，こ
の他に，負荷が曲げモーメントやねじりモーメントの場合にも同様な現象が
生じることは容易に想像できるであろう．サンブナンの原理は，一般的には，

ある荷重の系をその近傍にかかる静的に等価な荷重の系に置き換えた場合，荷重点近傍では荷重系を置き換えたことによる差が著しいが，荷重点近傍の**代表寸法**に比べて遠方では両者の差は無視できるほど小さいことを述べている．図5.1と図5.2の例では，代表寸法とは板の幅$2W$のことである．

　サンブナンの原理は内容的に少しあいまいさを含んでいるが，実際的な応用価値は高い．たとえば，実験を行なう場合に，試験部分の応力を望む値にするには種々の静的に等価な荷重系があるので，その中で最も好都合なものを選択すればよいことになる．また，計算においても同様な考え方を応用できる．

5.2　境界条件

　境界条件とは，すでに第1章でも少し触れたように，われわれが問題を解く前に知っている問題の特徴を示す条件のことである．多くの場合，この特徴は物体の周辺で与えられるので，ふつう境界条件と呼ばれるが，ときには物体の内部の条件が明確である場合には物体を部分に分割し，分割された新しい面についての条件をやはり境界条件と呼ぶこともある．たとえば図5.1と図5.2の問題では，対称性によって中心線に沿って分割された4分の1の領域について境界条件を指定している．境界条件は，**応力境界条件**と**変位境界条件**に分けて考えるのが便利である．

（1）　応力境界条件

　境界の条件が外力で指定されている場合をいう．外力が0ならば自由表面となるが，その場合も応力境界条件の典型例である．

　図5.3のように，二次元問題において $\xi=$一定の面の応力境界条件は，σ_ξ と $\tau_{\xi\eta}$ で与えられることが多い．すなわち，境界での垂直応力が σ_{n0}，せん断応力が τ_{nt0} であれば，次のように σ_ξ，$\tau_{\xi\eta}$ を指定する．

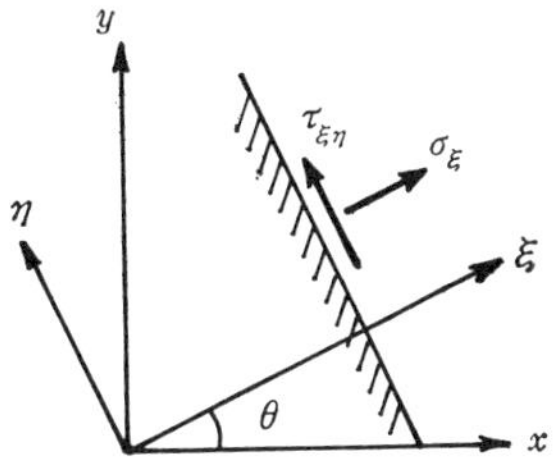

図 5.3

$$\sigma_\xi=\sigma_{n0}, \quad \tau_{\xi\eta}=\tau_{nt0} \tag{5.1}$$

あるいは，境界に沿った単位長さ当りの x，y 方向の外力 $\overline{X}$，$\overline{Y}$ が指定さ

れている場合には次のように書く.

$$\sigma_x l + \tau_{xy} m = \overline{X}, \quad \tau_{xy} l + \sigma_y m = \overline{Y} \tag{5.2}$$

　上式で (l, m) は x, y 軸と境界の法線との間の方向余弦である.

　しかし，実際に種々の問題を解く際には，必ずしも境界条件を完全に満たすことができない場合がある. そのような場合には，境界の代表点を選んで，その代表点についてだけ指定された境界条件を満たす方法（選点法）や，ある区間の境界条件の積分量を指定された値にする方法（合力法）などの近似的方法が採用される. この近似的方法の合理性は，サンプナンの原理によって理解できるであろう. すなわち，与えられた境界条件が完全に満たされていなくても，実際の計算において得られた境界の応力状態が正しい境界条件と静的に等価な荷重系になっていれば，その境界付近の応力状態は厳密解とは異なるが，境界から遠く離れたところでの応力状態はほとんど正しいと考えることができる.

（2）　変位境界条件

　境界の条件が変位で指定されている場合をいう. 完全固定の条件はその典型例であるが，0 でない変位を指定する場合もある. 応力境界条件の場合と同様に変位境界条件を完全に満たすことができない場合には，境界の代表点を選んで代表点についてだけ指定された境界条件を満たす方法が採用される. 変位には，境界近傍のひずみ場よりむしろ物体全体のひずみ場の積分量が関係するので，境界の代表点での変位が指定された値になっていることは，注目している境界から遠く離れた場所での応力-ひずみ場が正解に近いことを意味する. したがって，この場合も内容的には応力境界条件の場合と同様サンプナンの原理に基づいて方法の妥当性を考えることができる.

（3）　混合境界条件

　境界条件として応力境界条件と変位境界条件の両方を含んでいる問題を混合境界値問題という. 多くの場合，応力境界条件と変位境界条件は別々の場所で独立に与えられる. しかし，問題によっては，両者が同じ場所で関連をもち独立に与えられない場合がある. そのような例として，複合材料のように，ある材料中に弾性係数の異なる異種材料からなる介在物が存在する問題がある. そのような問題では，異種材料との境界では，境界の法線方向の垂

直応力，せん断応力および変位は
両材料側ともに未知であるが連続
でなければならないという条件を
採用する.

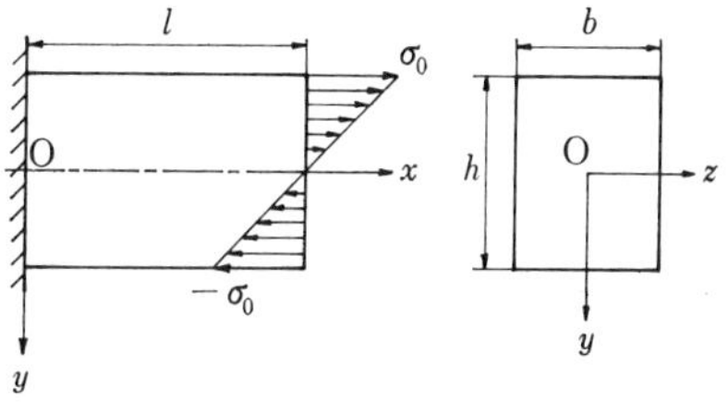

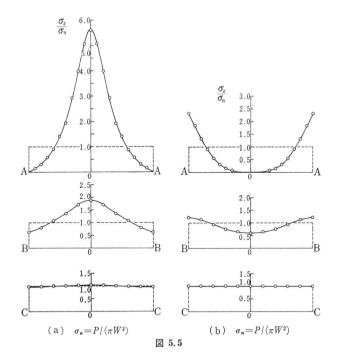

図 5.4

【例題】

三次元問題として図 5.4 のはりの
境界条件を書け.

【解】

（ⅰ） $x=l$ で $\qquad \sigma_x=-\dfrac{2y}{h}\sigma_0, \quad \tau_{xy}=0, \quad \tau_{zx}=0 \quad (\tau_{xz}=0)$

（ⅱ） $y=\pm\dfrac{h}{2}$ で $\quad \sigma_y=0, \quad \tau_{xy}=0, \quad \tau_{yz}=0$

（ⅲ） $z=\pm\dfrac{b}{2}$ で $\quad \sigma_z=0, \quad \tau_{zx}=0, \quad \tau_{yz}=0$

（ⅳ） $x=0$ で $\qquad u=0, \quad v=0*, \quad w=0$

（a） $\sigma_n=P/(\pi W^2)$ （b） $\sigma_n=P/(\pi W^2)$

図 5.5

---

* $dv/dx=0$ は正しい条件ではない.

第5章の問題

1.　図 5.5(a), (b) は，円柱の上下端面に集中力を作用させて引張った場合の内部の
　応力 σ_z の分布を示している．図 5.1 と図 5.2 の長方形板の場合との違いを指摘
　し，その理由を説明せよ．ただし，円柱の断面の形状は図 5.1(a) と同じである．

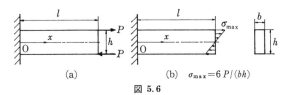

(a)　　　　　　　　(b)　$\sigma_{max}=6\,P/(bh)$

図 5.6

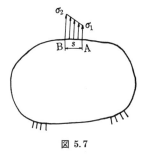

図 5.7

2.　図 5.6(a) と (b) を比較するとき，両者の応力が
　異なるのはどの部分か．また，両者のたわみに著し
　い差が生じるのは l がどの程度のときか．

3.　図 5.7 のように，板（板厚 b）の境界上のある短
　い区間 AB での境界の垂直応力が σ_1 から σ_2 まで
　直線的に変化しているとき，この区間の境界条件を
　区間の中点に働く一つの集中力と一つの集中モーメ
　ントで置き換えるには，それぞれをどのような値に
　したらよいか．ただし，AB$=s$ とする．

4.　図 5.8 の板（図 5.1 (a) および図 5.2 (a) と同じ）に図示したような荷重が作用
　するとき，A-A，B-B，C-C 断面の応力分布はどのようになるか概略図を描け．

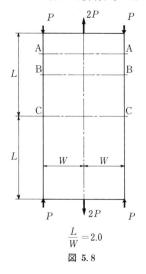

$$\frac{L}{W}=2.0$$

図 5.8

第6章　二次元問題

　二次元応力問題を解析的に解く試みは，歴史的にも早くからなされ，現在
では閉じた形で得られる解 (closed form solution) のほか，電算機を利用し
て多くの問題が数値的に解けるようになった．閉じた形の解が得られる問題
は限られてはいるが，その解法と結果を吟味することは，そのような限られ
た基本的問題を実際問題にうまく応用するために役立つだけでなく，最近，
発展してきた種々の数値解法の理論や結果を検討する際にも欠かせない基礎
的な知識である．

　本章では，円筒の問題，円孔による応力集中，だ円孔による応力集中，き
裂問題，その他の基本的問題について述べる．応力集中の問題は強度の種々
の問題と関連して重要である．

　二次元問題とは，一般に**平面応力** (plane stress) と**平面ひずみ** (plane
strain) の問題をいう．

6.1　平面応力と平面ひずみ

（1）　平面応力

　板の面内に x-y 座標を定義し z 軸を板厚方向にとるとき，σ_x, σ_y, τ_{xy} の
値が問題になり，他は 0 となるような応力状態のことをいう．板が薄く板の
両面が自由表面の場合は平面応力状態とみてよい．また，薄肉圧力容器のよ
うに内壁に内圧 p が作用しており外壁が自由表面の場合にも，p は圧力容器
の内部に生ずる軸方向と円周方向応力 σ_z と σ_θ に比べて小さいので無視され，
圧力容器の側面を部分的に取り出して考えると近似的に平面応力と考えるこ
とができる．このように，実際には完全な平面応力状態でなくても，種々の
問題を近似的に平面応力状態とみなして解析することが行なわれる．

　平面応力状態では，フックの法則は次のように書ける．

$$\left.\begin{array}{l}\varepsilon_x=\dfrac{1}{E}(\sigma_x-\nu\sigma_y),\quad \varepsilon_y=\dfrac{1}{E}(\sigma_y-\nu\sigma_x),\quad \varepsilon_z=-\dfrac{\nu}{E}(\sigma_x+\sigma_y)\\[2mm]\gamma_{xy}=\tau_{xy}/G,\quad \sigma_z=0,\quad \tau_{yz}=0,\quad \tau_{zx}=0\end{array}\right\}\quad(6.1)$$

（2）　平面ひずみ

一方向のひずみ（たとえば，z 方向）が完全に拘束されるような問題を平面ひずみ問題という．たとえば，両端を固定した円筒や長手方向の変形が拘束されたダムや堤防などは平面ひずみ状態にある．また，厚板の問題で場所によって板厚方向の変形の程度が異なると，変形の大きい部分は変形の小さい部分から自由な変形を拘束されることがある．このような問題は完全な平面ひずみ問題とはいえないが，近似的に平面ひずみ状態とみなされることが多い．このような例として，中央に円孔をもつ長方形厚板が y 方向引張りを受ける問題を考えてみよう．孔縁には応力集中*のため大きい σ_y が発生するので，板厚方向にはポアソン比の効果だけ収縮しようとする．しかし，孔から少し離れた場所では応力は急に小さくなるから，板厚方向の収縮はわずかである．したがって，孔縁の板厚方向のひずみは周囲の拘束を受け，自由に変形する場合に比べてはるかに少ない ひずみ しか生じないことになる．このような状態は，平面応力よりむしろ平面ひずみの状態に近いとみなされる．

平面ひずみ状態では，フックの法則は次のように書ける．

$$\left.\begin{aligned}
\varepsilon_x &= \frac{1}{E}\{\sigma_x - \nu(\sigma_y + \sigma_z)\} \\[4pt]
\varepsilon_y &= \frac{1}{E}\{\sigma_y - \nu(\sigma_z + \sigma_x)\} \\[4pt]
\varepsilon_z &= \frac{1}{E}\{\sigma_z - \nu(\sigma_x + \sigma_y)\} = 0, \quad \text{したがって} \quad \sigma_z = \nu(\sigma_x + \sigma_y) \\[4pt]
\gamma_{xy} &= \tau_{xy}/G, \quad \gamma_{yz} = 0, \quad \gamma_{zx} = 0
\end{aligned}\right\} \quad (6.2)$$

式 (6.2) の第3式を考慮すると，応力とひずみの関係は次のように表わすことができる．

$$\varepsilon_x = \frac{1}{E^*}(\sigma_x - \nu^*\sigma_y), \quad \varepsilon_y = \frac{1}{E^*}(\sigma_y - \nu^*\sigma_x), \quad \gamma_{xy} = \tau_{xy}/G^* \quad (6.3)$$

ただし，

$$E^* = \frac{E}{1-\nu^2}, \quad \nu^* = \frac{\nu}{1-\nu}, \quad G^* = \frac{E^*}{2(1+\nu^*)} = \frac{E}{2(1+\nu)} = G \quad (6.4)$$

したがって，平面ひずみの場合と平面応力の場合とで σ_x, σ_y, τ_{xy} が同じ値であれば，平面ひずみ状態で生ずるひずみ ε_x, ε_y は，平面応力問題にお

---

　*　6.5 節参照．

いて，ヤング率 E とポアソン比 ν が式 (6.4) に従って異なる材料に生ずる ε_x，ε_y に等しいことがわかる．特に，ヤング率の変化の仕方が $1/(1-\nu^2)$ 倍であり，鋼では $\nu \cong 0.3$ であることは，平面ひずみ状態でのたわみや変位が平面応力状態のそれと比べて 10% 程度小さい原因になっている．

【例題 1】

　図 6.1(a) のように，ヤング率 E，ポアソン比 ν の弾性体が $x = \pm a$ で示される剛体の溝にすきまなく入っており，上面に圧力 p を受けているとする．また，弾性体と剛体の間に摩擦はないものとする．このとき，σ_x，σ_y，σ_z と σ_z/ε_z で定義される みかけ のヤング率 E' を求めよ．ただし，y 方向の拘束はなく十分長いものとする．

　また，図 6.1(b) のように円柱形弾性体が円柱形剛体の中に入っている場合には，σ_r，σ_θ，σ_z と みかけ のヤング率 σ_z/ε_z はどのようになるか．

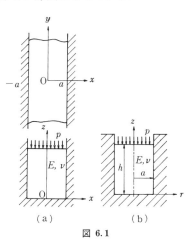

図 6.1

【解】

　図 6.1(a) の問題では，$\sigma_z = -p$，$\sigma_y = 0$，$x = \pm a$ で $\tau_{xy} = 0$，$\tau_{zx} = 0$，$-a \leqq x \leqq a$ で $\varepsilon_x = 0$ である．これから $\sigma_x = -\nu p = \nu \sigma_z$ となる．

　$\varepsilon_z = (1/E) \cdot [\sigma_z - \nu(\sigma_y + \sigma_x)]$ に上の σ_x，σ_y を代入すると，$E' = \sigma_z/\varepsilon_z = E/(1-\nu^2)$ となる．

　図 6.1(b) の問題では，境界条件として $\sigma_z = -p$，$\varepsilon_\theta = 0$，$r = a$ で $\tau_{r\theta} = 0$，$\tau_{rz} = 0$ がわかっている．したがって，$r = a$ で $\sigma_r = -\sigma_0$（未定）が予想される．このような場合には，内部のいたるところで $\sigma_r = \sigma_\theta = -\sigma_0$ である*．$r = a$ で $\varepsilon_\theta = 0$ より

$$\varepsilon_\theta = \frac{1}{E}[\sigma_\theta - \nu(\sigma_r + \sigma_z)] = 0, \quad \text{すなわち} \quad -\sigma_0 - \nu(-\sigma_0 - p) = 0$$

したがって，

$$\sigma_0 = \frac{\nu}{1-\nu}p$$

ゆえに，内部のいたるところで応力状態は

$$\sigma_r = \sigma_\theta = -\frac{\nu}{1-\nu}p = \frac{\nu}{1-\nu}\sigma_z$$

フックの法則から

$$\varepsilon_z = \frac{1}{E}[\sigma_z - \nu(\sigma_r + \sigma_\theta)] = \frac{1}{E} \cdot \frac{1-\nu-2\nu^2}{1-\nu}\sigma_z$$

---

*　7頁の【例題1】を参照のこと．

したがって,

$$E' = \frac{\sigma_z}{\varepsilon_z} = \frac{1-\nu}{1-\nu-2\nu^2}E$$

6.2 解 の 性 質

具体的にある一つの問題を解く場合に,正解の条件を考えてみよう. 解として応力を考えると,解は**平衡条件**と**境界条件**を満たしていなければならないことは容易に理解できる. しかし,この二つの条件を満たしておれば正解といってよいであろうか. 必ずしもそうとはいえないのである. なぜなら,この応力をもとにして変形が一義的に決まるかどうか保証がないからである.

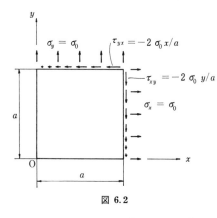

図 6.2

例として,図6.2のような問題を考えてみよう. この問題の境界条件は次のとおりである.

$$\left. \begin{array}{llll} x=0 & \text{で} & \sigma_x=0, & \tau_{xy}=0 \\ x=a & \text{で} & \sigma_x=\sigma_0, & \tau_{xy}=-2\sigma_0(y/a) \\ y=0 & \text{で} & \sigma_y=0, & \tau_{xy}=0 \\ y=a & \text{で} & \sigma_y=\sigma_0, & \tau_{xy}=-2\sigma_0(x/a) \end{array} \right\} \quad (6.5)$$

この境界条件は,応力を次の形に仮定すれば満たされる.

$$\sigma_x=\sigma_0(x/a)^2, \qquad \sigma_y=\sigma_0(y/a)^2, \qquad \tau_{xy}=-2\sigma_0(xy/a^2) \qquad (6.6)$$

平衡条件は,式 (4.5) より次のようになる.

$$\frac{\partial \sigma_x}{\partial x}+\frac{\partial \tau_{xy}}{\partial y}=0, \qquad \frac{\partial \tau_{xy}}{\partial x}+\frac{\partial \sigma_y}{\partial y}=0 \qquad (6.7)$$

式 (6.6) を式 (6.7) に代入してみると x, y の値に無関係に満足しているので,式 (6.6) の応力分布は板の内部でも平衡条件を満たしていることがわかる.

ここで,式 (6.6) のような応力が実際に図 6.2 で生じている正しい応力であるかどうかを検討する. フックの法則より板の内部のひずみは,

$$\left.\begin{array}{l} \varepsilon_x = \dfrac{1}{E}(\sigma_x - \nu\sigma_y) = \dfrac{\sigma_0}{E} \cdot \dfrac{x^2 - \nu y^2}{a^2} \\[3mm] \varepsilon_y = \dfrac{1}{E}(\sigma_y - \nu\sigma_x) = \dfrac{\sigma_0}{E} \cdot \dfrac{y^2 - \nu x^2}{a^2} \\[3mm] \gamma_{xy} = \dfrac{\tau_{xy}}{G} = -\dfrac{2\sigma_0}{G} \cdot \dfrac{xy}{a^2} \end{array}\right\} \tag{6.8}$$

$\varepsilon_x = \partial u/\partial x$, $\varepsilon_y = \partial v/\partial y$ であるから，それぞれを積分すると，

$$u = \frac{\sigma_0}{E} \cdot \frac{1}{a^2}\left(\frac{x^3}{3} - \nu x y^2\right) + f(y) \tag{6.9}$$

$$v = \frac{\sigma_0}{E} \cdot \frac{1}{a^2}\left(\frac{y^3}{3} - \nu x^2 y\right) + g(x) \tag{6.10}$$

ここで，$f(y)$ は y だけの関数または定数，$g(x)$ は x だけの関数または定数である．これから

$$\gamma_{xy} = \frac{\partial u}{\partial y} + \frac{\partial v}{\partial x} = -\frac{4\nu\sigma_0}{Ea^2}xy + \frac{\partial f(y)}{\partial y} + \frac{\partial g(x)}{\partial x} \tag{6.11}$$

しかしながら，上式の γ_{xy} は式 (6.8) の γ_{xy} とは一致しないことは式の形から容易にわかる．このことは，内容的には次式で表わされる**適合条件式**（式 (2.24)）が満たされていないことと同じである．

$$\frac{\partial^2 \varepsilon_x}{\partial y^2} + \frac{\partial^2 \varepsilon_y}{\partial x^2} = \frac{\partial^2 \gamma_{xy}}{\partial x \cdot \partial y} \tag{6.12}$$

以上示したように，境界条件と平衡条件だけを満たす応力は必ずしも正解とはいえない．このような変位に関する矛盾が生じないためには，式 (6.8) の γ_{xy} と式 (6.11) の γ_{xy} が一致することが必要条件であるが，それと同じ内容をもつ一般的な条件として，適合条件式の満足の必要性がある．したがって，正解の条件は次の三つの条件を満足することである．

（i） 平衡条件

（ii） 適合条件

（iii） 境界条件

次に，二次元問題の解法を考えるため上の三つの条件を順次検討してみよう．

6.3　応　力　関　数

　式 (6.7) の平衡方程式は，すでに述べたように式2個に対して未知量は3個 ($\sigma_x, \sigma_y, \tau_{xy}$) である．これらの未知量は境界条件によって異なるが，いずれにしても場所 (x, y) の関数であり，次のように書ける．

$$\sigma_x = f(x, y), \qquad \sigma_y = g(x, y), \qquad \tau_{xy} = h(x, y) \qquad (6.13)$$

　最終的な目的は，これら三つの関数を決定することであるが，式 (6.7) より，これらは互いに独立ではないことがわかる．未知関数3個を関連づける式が2個あるので，結局 式 (6.13) の未知関数のうち1個だけ用いて問題を扱えることになる．仮に，$f(x, y)$ を代表として選ぶと，たとえば τ_{xy} は式 (6.7) より次のように書ける．

$$\tau_{xy} = -\int \frac{\partial f(x, y)}{\partial x}\, dy + G(x) \qquad (6.14)$$

ここで，$G(x)$ は x のみの関数である．

　しかし，より一般的に有効な表現は式 (6.13) の形ではなく，一つの関数 ϕ を導入して $\sigma_x = \partial^2\phi/\partial y^2$ の形に置くことである．σ_x をこのように表現すると，式 (6.7) より自動的に τ_{xy} と σ_y を ϕ で表わすことができる．すなわち，これらをまとめて書くと，

$$\sigma_x = \frac{\partial^2\phi}{\partial y^2}, \qquad \sigma_y = \frac{\partial^2\phi}{\partial x^2}, \qquad \tau_{xy} = -\frac{\partial^2\phi}{\partial x \cdot \partial y} \qquad (6.15)$$

　未知量 σ_x, σ_y, τ_{xy} を上式のように表現するときの関数 ϕ を**エアリーの応力関数** (Airy's stress function) という．

　さて，式(6.15)は平衡条件を満足する関数形であるが，境界条件を満足する ϕ を決める前に適合条件を満足させることによって得られる一般式を導く．

　式 (6.12) の適合条件式はひずみで書かれているが，ひずみはフックの法則によって応力に置き換えることができるから

$$\frac{1}{E}\left[\frac{\partial^2(\sigma_x - \nu\sigma_y)}{\partial y^2} + \frac{\partial^2(\sigma_y - \nu\sigma_x)}{\partial x^2}\right] = \frac{2(1+\nu)}{E} \cdot \frac{\partial^2 \tau_{xy}}{\partial x \cdot \partial y} \qquad (6.16)$$

上式に式 (6.15) を代入すると次式が得られる．

$$\frac{\partial^4\phi}{\partial x^4} + 2\frac{\partial^4\phi}{\partial x^2 \cdot \partial y^2} + \frac{\partial^4\phi}{\partial y^4} = 0 \qquad (6.17)$$

これは次のようにも書ける.

$$\left(\frac{\partial^2}{\partial x^2}+\frac{\partial^2}{\partial y^2}\right)\cdot\left(\frac{\partial^2\phi}{\partial x^2}+\frac{\partial^2\phi}{\partial y^2}\right)=\nabla^2\cdot\nabla^2\phi=\nabla^4\phi=0 \qquad (6.18)$$

ただし，∇^2 はラプラシアンで $\nabla^2=\partial^2/\partial x^2+\partial^2/\partial y^2$ である．したがって，応力関数 ϕ は**重調和関数**でなければならない．結局，無数にある重調和関数の中で境界条件を満足するものが正解となる．

ここで注目すべきことは，式 (6.18) はヤング率 E とポアソン比 ν に無関係な式になっていることである．このことは，境界条件が力で与えられる問題では解の ϕ に E と ν が入り込まない*ことを意味し，二次元光弾性法の有効性の根拠になっている．また，このことから平面ひずみ問題で境界条件が力で与えられる場合の $(\sigma_x,\sigma_y,\tau_{xy})$ の値は，平面応力の場合と同じになることが式 (6.3) から理解できる．

式 (6.18) は線形微分方程式であるから，二つの応力関数を ϕ_1，ϕ_2 とすると $(\phi_1+\phi_2)$ もやはり応力関数であり，ϕ_1 と ϕ_2 がそれぞれ表わす応力状態を加え合わせた応力状態を表わすことになる．このことを**重ね合せの原理** (principle of superposition) という．重ね合せの原理は，基本的な解の組合せによって複雑な境界条件の問題の解や，より実際的な問題の解を近似的に得る場合に極めて有効である．本書でも多くの問題でこのことが示されるであろう．

【例題 2】
以下の応力関数はどのような応力状態を表わすか．また，係数 $a,b,c\cdots$ の間に必要な関係式があればそれを示せ．
（ⅰ）$\phi=ax^2+bxy+cy^2$
（ⅱ）$\phi=ax^3+bx^2y+cxy^2+dy^3$
（ⅲ）$\phi=ax^4+bx^3y+cx^2y^2+dxy^3+ey^4$
（ⅳ）$\phi=ax^5+bx^4y+cx^3y^2+dx^2y^3+exy^4+fy^5$
【解】
（ⅰ）$\sigma_x=2c$，$\sigma_y=2a$，$\tau_{xy}=-b$
（ⅱ）$\sigma_x=2cx+6dy$，$\sigma_y=6ax+2by$，$\tau_{xy}=-2bx-2cy$
（ⅲ）$\sigma_x=2cx^2+6dxy+12ey^2$，$\sigma_y=12ax^2+6bxy+2cy^2$，
$\tau_{xy}=-3bx^2-4cxy-3dy^2$

---
* 板に孔が存在する場合（複連結問題）には例外的な場合がある．

ただし，式 (6.17) より　$e=-(a+c/3)$

(iv)　$\sigma_x=2cx^3+6dx^2y+12exy^2+20fy^3$,　$\sigma_y=20ax^3+12bx^2y+6cxy^2+2dy^3$,

$\tau_{xy}=-4bx^3-6cx^2y-6dxy^2-4ey^3$

ただし，式 (6.17) より　$e=-(5a+c)$,　$f=-(b+d)/5$

以上の応力関数を組み合わせることによって，複雑な境界条件をもつ長方形領域の解を得ることができる．

6.4　円筒の問題

円板や円筒の問題は実際問題でしばしばみられる．この種の問題を応力関数を用いて解くには，応力関数 ϕ を極座標 (r,θ) の関数で表わす方が都合がよい．したがって，ϕ が満たすべき式 (6.18) も極座標表示が必要である．それは次のようになる．

$$\left(\frac{\partial^2}{\partial r^2}+\frac{1}{r}\cdot\frac{\partial}{\partial r}+\frac{1}{r^2}\cdot\frac{\partial^2}{\partial\theta^2}\right)\cdot\left(\frac{\partial^2\phi}{\partial r^2}+\frac{1}{r}\cdot\frac{\partial\phi}{\partial r}+\frac{1}{r^2}\cdot\frac{\partial^2\phi}{\partial\theta^2}\right)=0 \qquad (6.19)$$

また，応力も極座標系で扱うと次のようになる．

$$\sigma_r=\frac{1}{r}\cdot\frac{\partial\phi}{\partial r}+\frac{1}{r^2}\cdot\frac{\partial^2\phi}{\partial\theta^2},\quad \sigma_\theta=\frac{\partial^2\phi}{\partial r^2},\quad \tau_{r\theta}=-\frac{\partial}{\partial r}\left(\frac{1}{r}\cdot\frac{\partial\phi}{\partial\theta}\right) \qquad (6.20)$$

さて，もし応力関数 ϕ が r のみの関数の場合，すなわち $\tau_{r\theta}=0$ で σ_r と σ_θ が r のみの関数である問題では，式 (6.19) は次のようになる．

$$\left(\frac{d^2}{dr^2}+\frac{1}{r}\cdot\frac{d}{dr}\right)\cdot\left(\frac{d^2\phi}{dr^2}+\frac{1}{r}\cdot\frac{d\phi}{dr}\right)=0 \qquad (6.21)$$

上式を展開すると

$$\frac{d^4\phi}{dr^4}+\frac{2}{r}\cdot\frac{d^3\phi}{dr^3}-\frac{1}{r^2}\cdot\frac{d^2\phi}{dr^2}+\frac{1}{r^3}\cdot\frac{d\phi}{dr}=0 \qquad (6.22)$$

ここで，$r=e^t$（または，$t=\log r$）とおいて変数変換をすると，上式は

$$D^2(D-2)^2\phi=0 \qquad (6.23)$$

ただし，$D=d/dt$ である．

式 (6.23) の一般解は

$$\phi=C_1'+C_2't+(C_3'+C_4't)e^{2t} \qquad (6.24)$$

これを r で書き換えると，解として次式が得られる．

$$\phi=A\log r+Br^2\log r+Cr^2+D \qquad (6.25)$$

ここで，A, B, C および D は問題によって決まる定数である．したがって，応力は式 (6.20) の θ の項を除いた式から次のようになる．

$$\left.\begin{array}{l}\sigma_r=\dfrac{1}{r}\cdot\dfrac{d\phi}{dr}=2C+\dfrac{A}{r^2}+B(1+2\log r)\\[2mm]\sigma_\theta=\dfrac{d^2\phi}{dr^2}=2C-\dfrac{A}{r^2}+B(3+2\log r)\end{array}\right\} \tag{6.26}$$

式 (6.26) は，図 6.3(a)～(c) のような問題の解として利用できる．未定係数 A, B, C は図 6.3(a)～(c) の問題の条件に応じて決定される．三つの条件が必要かつ十分である．

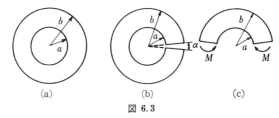

図 6.3

図 6.3(a) の問題では，三つの条件は次のようになる．
〔応力境界条件〕：（ⅰ） $r=a$ で $\sigma_r=\sigma_1$（指定できる）
　　　　　　　　（ⅱ） $r=b$ で $\sigma_r=\sigma_2$（指定できる）
〔変位に関する条件〕：u, v ともに r だけの関数である（(a) の特徴）

すなわち，半径方向変位 u だけが問題となり，円周方向変位は $v=0$ となる．したがって，式 (2.25) より

$$\varepsilon_r=du/dr \tag{6.27}$$

$$\varepsilon_\theta=u/r \tag{6.28}$$

式 (6.28) の u から du/dr が計算できるが，この値は式 (6.27) と同一のものでなければならない．これが変位に関する条件である．ε_r, ε_θ はフックの法則によって式 (6.26) の応力と関連づけられ，未定係数 A, B, C が満たすべき一つの条件式が得られる．これを実行すると，次のようになる．式 (6.27), (6.28) より

$$\varepsilon_r-\frac{d(r\varepsilon_\theta)}{dr}=\frac{1}{E}(\sigma_r-\nu\sigma_\theta)-\frac{1}{E}(\sigma_\theta-\nu\sigma_r)-\frac{r}{E}\left(\frac{d\sigma_\theta}{dr}-\nu\frac{d\sigma_r}{dr}\right)=-\frac{4B}{E}=0 \tag{6.29}$$

ゆえに，

$$B=0 \tag{6.30}$$

したがって，図 6.3(a) の問題の解は次のようになる．

$$
\left.\begin{array}{l}
\sigma_r = 2C + \dfrac{A}{r^2} \\[2mm]
\sigma_\theta = 2C - \dfrac{A}{r^2}
\end{array}\right\}
\longrightarrow
\left.\begin{array}{l}
\sigma_r = C_1 + \dfrac{C_2}{r^2} \\[2mm]
\sigma_\theta = C_1 - \dfrac{C_2}{r^2}
\end{array}\right\}
\tag{6.31}
$$

式 (6.31) は，中空円筒が内圧または外圧を受ける場合の解として利用できる．図 6.3(b) のような問題では，v は θ の関数であり，$B \neq 0$ である．

【例題 3】

内半径 a，外半径 b が内圧 p_i，外圧 p_o を受けるときの応力を求めよ．

【解】

式 (6.31) で $r=a$ で $\sigma_r = -p_i$，$r=b$ で $\sigma_r = -p_o$ という条件から C_1，C_2 が決まるので，応力分布として次式を得る．

$$
\left.\begin{array}{l}
\sigma_r = \dfrac{p_i a^2 - p_o b^2}{b^2 - a^2} + \dfrac{a^2 b^2 (p_o - p_i)}{b^2 - a^2} \cdot \dfrac{1}{r^2} \\[3mm]
\sigma_\theta = \dfrac{p_i a^2 - p_o b^2}{b^2 - a^2} - \dfrac{a^2 b^2 (p_o - p_i)}{b^2 - a^2} \cdot \dfrac{1}{r^2}
\end{array}\right\}
\tag{6.32}
$$

〖問題 6.4.1〗

内半径 a，外半径 b の円筒に外圧 p_o が作用するとき，内半径と外半径はそれぞれどれだけ小さくなるか．

〖問題 6.4.2〗

広い板に半径 a の小さい円孔があり，板が a に比べて十分遠方で $\sigma_x = \sigma_0$，$\sigma_y = \sigma_0$ なる一様な応力を受けているとき，円孔縁の応力 σ_r，σ_θ を求めよ．

6.5 円孔による応力集中

引張りを受ける板に**円孔**が存在すると，孔縁の応力は局部的に周囲より高い値となる．この現象を**応力集中**という．破壊は，多くの場合応力集中部が起点となるので，応力集中の程度を明らかにすることは実際問題と関連して極めて重要である．ここでは，図 6.4 に示すように遠方で x 軸方向に一様な引張

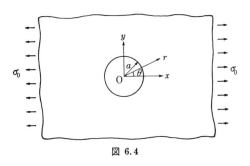

図 6.4

応力 $\sigma_x = \sigma_0$ を受ける無限板に，半径 a の円孔が存在する場合の応力集中を調べる．実際には無限板は存在しないが，これは問題を数学的に解くための便宜上の仮定であって，無限板と仮定して得られた結果は，板が孔の寸法に比べて十分大きければ，ほぼ厳密解とみなして利用することができる．

図 6.4 の問題は，G. Kirsch (1898) によって最初に解かれたが，以下ではその解法*を述べる．

問題を解くことは，図 6.4 の境界条件と $\nabla^4 \phi = 0$（式 (6.18)）を満たすような応力関数 ϕ をみつけることである．サンブナンの原理より円孔から離れた遠方では，孔の影響は無視できるから境界条件は次のようになる．

〔境界条件〕：（ⅰ） 遠方で，$\sigma_x = \sigma_0$, $\sigma_y = 0$, $\tau_{xy} = 0$（直角座標系）

（ⅱ） 孔縁 $(r = a)$ で，$\sigma_r = 0$, $\tau_{r\theta} = 0$（極座標系）

解となる ϕ を決定する際，境界条件が（ⅰ）と（ⅱ）のように異なる座標系で表わされているのは都合が悪い．境界条件（ⅱ）を満たすのがこの問題を解く鍵になることが予想されるので，境界条件（ⅰ）も極座標系に変換した方がよい．そうすると，（ⅰ）は式 (1.12) より次のように書き換えられる（これを（ⅰ）$'$ とする）．

〔境界条件〕：（ⅰ）$'$ 遠方 $(r = \infty)$ で，$\sigma_r = \sigma_0 \cos^2 \theta = \sigma_0/2 + \sigma_0 \cos 2\theta/2$,
$\tau_{r\theta} = -\sigma_0 \sin 2\theta/2$

境界条件（ⅰ）$'$ と（ⅱ）の形を考慮すると，図 6.4 の問題は図 6.5 のように重ね合せで解けることが理解できる．図 6.5(b) の問題は，内容的には前節の問題と本質的に同じであるから，すでに解決済みである．図 6.5(c) の

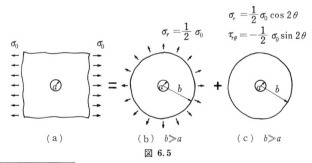

図 6.5

---

* S. P. Timoshenko and J. N. Goodier : Theory of elasticity, Third ed. McGraw-Hill International (1982), 90.

問題は，次のようにして解くことができる．

〔基本式〕：$\nabla^4 \phi = 0$

〔境界条件〕：（Ⅰ）　$r=a$ で $\sigma_r = 0,\ \tau_{r\theta} = 0$

　　　　　　　（Ⅱ）　$r=\infty$ で $\sigma_r = \sigma_0 \cos 2\theta/2,\ \tau_{r\theta} = -\sigma_0 \sin 2\theta/2$

すなわち，式 (6.19) を境界条件 （Ⅰ），（Ⅱ）のもとに解くことに帰着される．ϕ と境界条件の関係は $r=b \gg a$ で次のようになる．

$$\left. \begin{aligned} \sigma_r &= \frac{1}{r} \cdot \frac{\partial \phi}{\partial r} + \frac{1}{r^2} \cdot \frac{\partial^2 \phi}{\partial \theta^2} = \frac{1}{2} \sigma_0 \cos 2\theta \\ \tau_{r\theta} &= -\frac{\partial}{\partial r}\left(\frac{\partial \phi}{r \partial \theta}\right) = -\frac{1}{2} \sigma_0 \sin 2\theta \end{aligned} \right\} \tag{6.33}$$

式 (6.33) を注意深くみると，ϕ は次のような形をとるべきであることがわかる．

$$\phi = f(r) \cdot \cos 2\theta \tag{6.34}$$

ここで，$f(r)$ は r の関数である．式 (6.34) の ϕ を式 (6.19) に代入すると，全体に係数としてかかる $\cos 2\theta$ を省いて，次の微分方程式が得られる．

$$\left(\frac{d^2}{dr^2} + \frac{1}{r} \cdot \frac{d}{dr} - \frac{4}{r^2}\right) \cdot \left(\frac{d^2 f}{dr^2} + \frac{1}{r} \cdot \frac{df}{dr} - \frac{4f}{r^2}\right) = 0 \tag{6.35}$$

これを展開すると

$$\frac{d^4 f}{dr^4} + \frac{2}{r} \cdot \frac{d^3 f}{dr^3} - \frac{9}{r^2} \cdot \frac{d^2 f}{dr^2} + \frac{9}{r^3} \cdot \frac{df}{dr} = 0 \tag{6.36}$$

式 (6.22) を解いたのと同じ手法で解くと，

$$f(r) = C_1 r^2 + C_2 r^4 + \frac{C_3}{r^2} + C_4 \tag{6.37}$$

したがって

$$\phi = \left(C_1 r^2 + C_2 r^4 + \frac{C_3}{r^2} + C_4\right) \cos 2\theta \tag{6.38}$$

$$\sigma_r = \frac{1}{r} \cdot \frac{\partial \phi}{\partial r} + \frac{1}{r^2} \cdot \frac{\partial^2 \phi}{\partial \theta^2} = -\left(2C_1 + \frac{6C_3}{r^4} + \frac{4C_4}{r^2}\right) \cos 2\theta \tag{6.39}$$

$$\sigma_\theta = \frac{\partial^2 \phi}{\partial r^2} = \left(2C_1 + 12C_2 r^2 + \frac{6C_3}{r^4}\right) \cos 2\theta \tag{6.40}$$

$$\tau_{r\theta} = -\frac{\partial}{\partial r}\left(\frac{1}{r} \cdot \frac{\partial \phi}{\partial \theta}\right) = \left(2C_1 + 6C_2 r^2 - \frac{6C_3}{r^4} - \frac{2C_4}{r^2}\right) \sin 2\theta \tag{6.41}$$

境界条件 （Ⅰ），（Ⅱ）から，上式の $C_1 \sim C_4$ を決めると

$$C_1=-\frac{1}{4}\sigma_0, \quad C_2=0, \quad C_3=-\frac{a^4}{4}\sigma_0, \quad C_4=\frac{a^2}{2}\sigma_0 \tag{6.42}$$

これらを，式 (6.39)～(6.41) に代入すると図 6.5(c) の問題の解が得られる．これに，図 6.5(b) の解を重ね合わせたものが，図 6.5(a) の解となる．結局，図 6.5(a) の応力分布は次式で与えられる．

$$\left.\begin{array}{l}\sigma_r=\dfrac{\sigma_0}{2}\Big(1-\dfrac{a^2}{r^2}\Big)+\dfrac{\sigma_0}{2}\Big(1+\dfrac{3a^4}{r^4}-\dfrac{4a^2}{r^2}\Big)\cos 2\theta \\[2mm] \sigma_\theta=\dfrac{\sigma_0}{2}\Big(1+\dfrac{a^2}{r^2}\Big)-\dfrac{\sigma_0}{2}\Big(1+\dfrac{3a^4}{r^4}\Big)\cos 2\theta \\[2mm] \tau_{r\theta}=-\dfrac{\sigma_0}{2}\Big(1-\dfrac{3a^4}{r^4}+\dfrac{2a^2}{r^2}\Big)\sin 2\theta\end{array}\right\} \tag{6.43}$$

式 (6.43) は応用が広く極めて重要である．円孔の縁の応力を調べてみると，次のようになる．

$$r=a \ \text{で，} \ \sigma_r=0, \quad \tau_{r\theta}=0 \tag{6.44}$$

$$\sigma_\theta=\sigma_0-2\sigma_0\cos 2\theta \tag{6.45}$$

式 (6.44) は境界条件であるから当然であるが，式 (6.45) は孔縁に沿う σ_θ の変化を示し，$\theta=\pm\pi/2$ で最大値，$\theta=0,\pi$ で最小値をとる．すなわち

$$\theta=\pm\frac{\pi}{2} \ \text{で} \ \sigma_{\theta\,\mathrm{max}}=3\sigma_0 \tag{6.46}$$

$$\theta=0,\pi \ \text{で} \ \sigma_{\theta\,\mathrm{min}}=-\sigma_0 \tag{6.47}$$

図 6.5(a) の問題では，孔縁に応力が集中し最大値が遠方の引張応力 σ_0 の 3 倍になるので，**応力集中係数** $K_t=3$ という．この結果を図示すると図 6.6 のようになる．破線は次式で与えられる y 軸上の σ_θ すなわち σ_x を示している．

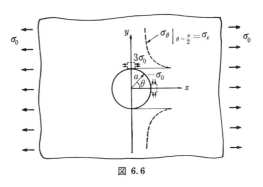

図 6.6

$$y \ \text{軸上} (r\geqq a) \ \text{で} \quad \sigma_\theta=\sigma_x=\sigma_0\Big(1+\frac{a^2}{2r^2}+\frac{3a^4}{2r^4}\Big) \tag{6.48}$$

以上の解は，重ね合せの原理を有効に用いることによって多くの実際的問

題の解に役立つ. 式 (6.47) は，円孔が x 軸と交わる点での σ_θ が圧縮であることを意味している. このような圧縮応力は，最大引張応力 $3\sigma_0$ に比べて重要性が低いようにみられがちであるが，重ね合せの原理を適用する際には必ず考慮しなければならない量である.

【例題 4】

　『問題 6.4.2』は，図 6.4 の問題の重ね合せによっても得られることを示せ.

【解】

　円孔縁の σ_r は境界条件より $\sigma_r=0$ である. 遠方で $\sigma_x=\sigma_0$, $\sigma_y=\sigma_0$ であるから，円孔縁の σ_θ は式 (6.45) を考慮して次の重ね合せによって得られる.

$$\sigma_\theta=(\sigma_0-2\sigma_0\cos 2\theta)+\left\{\sigma_0-2\sigma_0\cos 2\left(\theta-\frac{\pi}{2}\right)\right\}=2\sigma_0$$

すなわち，周上いたるところで θ に関係なく $\sigma_\theta=2\sigma_0$ である.

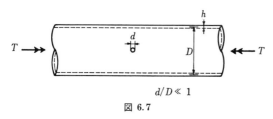

$d/D \ll 1$

図 6.7

【例題 5】

　図 6.7 のように薄肉パイプの側面に微小円孔があけてある. このパイプをねじりモーメント T でねじるとき，微小円孔縁に発生する最大引張応力を概算せよ.

【解】

　微小円孔が存在しないとき，薄肉パイプが受けるせん断応力を τ_{xy} とすると，微小円孔は図 6.8 に示すように近似的に遠方でせん断応力 τ_{xy} を受ける板に存在している状態に等しいとみなすことができる.

　ここで，図 6.4 の問題の重ね合せに置き換えるために主応力を求める. 第1章の【例題3】より $\sigma_1=\tau_{xy}$, $\sigma_2=-\tau_{xy}$ であり，$+45°$ 方向の引張りと $-45°$ 方向の圧縮の重ね合せとなるから，図 6.9 のように $-45°$，$+135°$ の位置に $\sigma_{\max}$ が生じる. その結果，

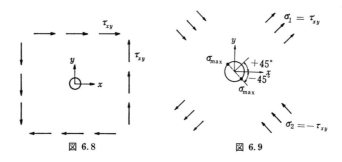

図 6.8　　　　　　　　図 6.9

$$\left.\begin{array}{ll} \sigma_{\max}=3\sigma_1-\sigma_2=4\tau_{xy} & \theta=-45°, \ +135° \\ \sigma_{\min}=3\sigma_2-\sigma_1=-4\tau_{xy} & \theta=+45°, \ -135° \end{array}\right\} \tag{6.49}$$

なお，τ_{xy} はパイプの寸法と T より $\tau_{xy}=2T/(\pi D^2h)$ である．

〖問題 6.5.1〗

式 (6.48) で表わされる応力分布においてサンブナンの原理を検討してみよ．また，第2項と第3項の応力分布による合力は，半径 a の円孔が存在しないとき，その部分が受けもっていた力に等しいことを証明せよ．

〖問題 6.5.2〗

半径 b の厚さ一様な中実円板が，角速度 ω で回転する場合の応力分布は次式で与えられる．

$$\sigma_r=\frac{3+\nu}{8}\rho\omega^2(b^2-r^2)$$

$$\sigma_\theta=\frac{3+\nu}{8}\rho\omega^2b^2-\frac{1+3\nu}{8}\rho\omega^2r^2$$

ここで，ν：ポアソン比，ρ：密度である．円板の中心に，b に比べてはるかに小さい円孔をあけると，円孔縁の応力はどの程度になるか．

〖問題 6.5.3〗

広い板に半径 a の円孔 A があり，円孔の中心を x-y 座標の原点とするとき，y 軸上の $y=\sqrt{3}a$ の位置に A よりはるかに小さい円孔 B がある．この板が遠方で $\sigma_x=\sigma_0$ なる引張応力を受けるとき，円孔 B の縁に生ずる最大応力を概算せよ．

6.6 だ円孔による応力集中

図 6.10 に示すように広い板にだ円孔があり，板が遠方で $\sigma_y=\sigma_0$ なる引

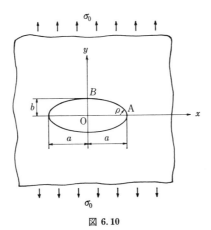

図 6.10

張応力を受けるときには，x 軸上 $(x \geq a)$ における σ_y の分布は次式のようになる．

$$\sigma_y = \sigma_0 \left[\frac{1}{\xi^2-1}\left(\xi^2 + \frac{a}{a-b}\right) - \frac{1}{(\xi^2-1)^2}\left\{ \frac{1}{2}\left(\frac{a-b}{a+b} - \frac{a+3b}{a-b}\right)\xi^2 - \frac{(a+b)b}{(a-b)^2}\right\} \right.$$
$$\left. - \frac{4\xi^2}{(\xi^2-1)^3}\left(\frac{b}{a+b}\xi^2 - \frac{b}{a-b}\right)\frac{a}{a-b} \right] \tag{6.50}$$

ここで，

$$\xi = \frac{x+\sqrt{x^2-c^2}}{c}, \quad c = \sqrt{a^2-b^2} \tag{6.51}$$

　点 A $(x=a)$ で σ_y は最大値をとる．これを $\sigma_{y\,\max}$ とすると

$$\sigma_{y\,\max} = \left(1 + \frac{2a}{b}\right)\sigma_0 \tag{6.52}$$

したがって，応力集中係数 K_t は，

$$K_t = 1 + \frac{2a}{b} = 1 + 2\sqrt{\frac{t}{\rho}} \tag{6.53}$$

ここで，ρ は点 A の曲率半径 $(\rho = b^2/a)$，$t=a$ である．
　また点 B での σ_x は，b/a の値に関係なく次式のようになることが示されている．

$$\sigma_{xB} = -\sigma_0 \tag{6.54}$$

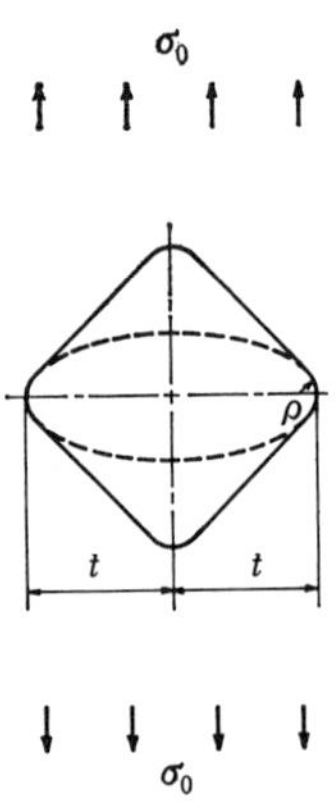

$$K_t \cong 1 + 2\sqrt{\frac{t}{\rho}}$$
図 6.11

$$K_t \cong 1 + 2\sqrt{\frac{t}{\rho}}$$
図 6.12

円孔の応力集中のところで述べたように，式 (6.52) だけでなく式 (6.54) も応用上重要である．
　だ円孔の応力集中の結果は，だ円形でない**孔**や**切欠き**の応力集中を近似的に求める場合にも利用される．たとえば，図 6.11 のような孔では破線のようなだ円孔に置き換え，図 6.12 のような切欠きでは破線のような半だ円形切欠きに置き換えて応力集中を概算する．図6.12は半だ円形であるが，応力集中の値は板の内部

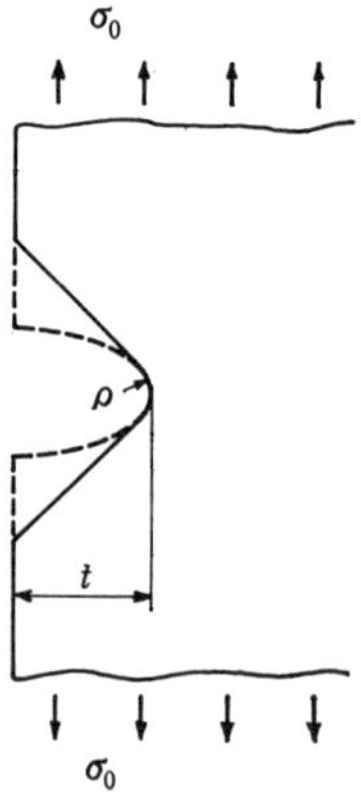

に同じだ円形の孔がある場合とほぼ等しいと考える．このような近似を行なう際に大切なことは，応力集中を求めようとする部分の曲率半径を破線と実線とで等しくすることである．このような考え方を**等価だ円の概念***という．

〖問題 6.6.1〗

図 6.13 は無限板中のだ円孔，図 6.14 は半無限板縁の半だ円切欠きを示している．図 6.13 の $x>0$ の部分の形状は図 6.14 とまったく同じである．このとき，図 6.13 の $x>0$ の部分の応力状態と図 6.14 の応力状態の違いを述べよ．また，その違いが切欠き先端に及ぼす影響はそれほど大きくないことの理由を説明せよ．

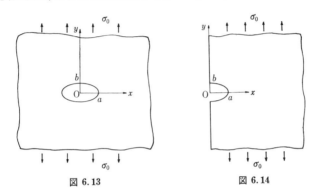

図 6.13　　　　　　図 6.14

〖問題 6.6.2〗

広い板に $x^2/a^2 + y^2/b^2 = 1\ (a>b)$ で表わされるだ円孔があり，板が遠方で $\sigma_x = \sigma_0$，$\sigma_y = 2\sigma_0$，$\tau_{xy} = 0$ なる一様な応力を受けるとき，だ円孔縁の最大引張応力はいくらか．

6.7　有限幅の板の中の孔による応力集中

図 6.15 のように，板幅 $2W$ の中央に半径 a の円孔があって，板が長手方向に引張応力 σ を受けるときの応力集中問題は Howland (1930) によって解かれた．図 6.16 は，その結果を示している．ここで応力集中係数 K_t の値は，板幅 $2W$ から円孔の径 $2a$ を差し引いた部分が受けもつ平均の応力を基準として定義されていることに注意しなければ

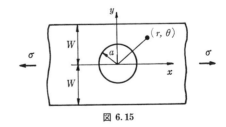

図 6.15

---

*　平野：日本機械学会論文集，**16**-55 (昭 25)，52；**17**-61 (昭 26)，12.

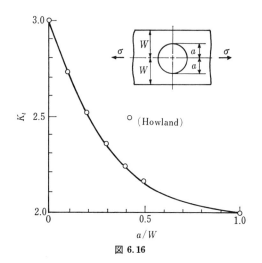

図 6.16

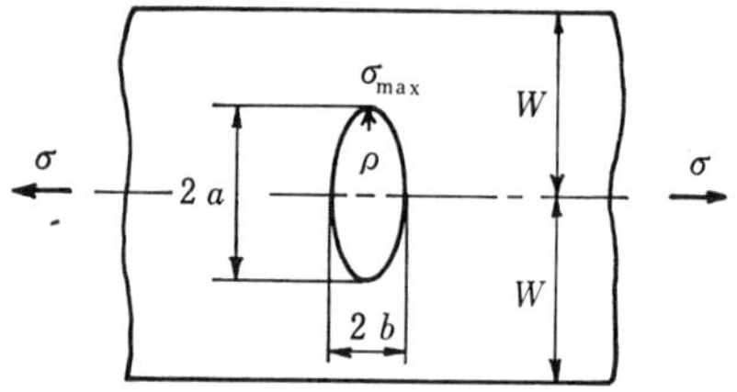

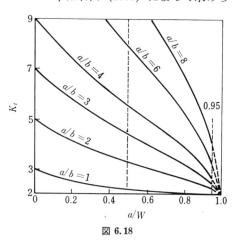

図 6.17

ならない．すなわち，円孔縁の最大応力は

$$\sigma_{\max} = K_t \frac{W}{W-a} \sigma \quad (6.55)$$

図 6.17 のように，幅 $2W$ の板にだ円孔が存在するときの応力集中は石田（1955）によって求められた．図 6.18 はその結果を示している．K_t の定義は，円孔の場合と同様，最小断面の応力が基準である．$a/W \to 1.0$ によって a/b の値に無関係に $K_t \to 2$ となるのは興味深い．

この他，多くの応力集中問題の解がハンドブックなどに記載されているが，K_t の定義は上述のように最小断面の平均的な応力を基準とするの

図 6.18

が慣例になっている．これを誤って遠方の応力を基準にすると事故を招くことがある．

〖問題 6.7.1〗

図 6.19 のように内半径 a，外半径 b の円筒の肉の中心に直径 d の孔があけてある．$a=140$ mm，$b=260$ mm，$d=60$ mm，内圧 $p_i=19.6$ MPa であるとき，孔縁に発生する最大応力を概算せよ．

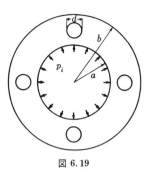

図 6.19

6.8 き裂による応力集中

破壊が起こるときには，必ず先在していた**き裂**が原因となったり，新たに発生したき裂の拡大が観察されるので，き裂先端の応力集中や応力場を知ることは，破壊の対策に欠かせない重要なことである．

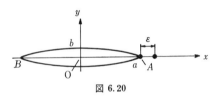

図 6.20

ふつう，き裂の応力集中を考えるときには，図 6.10 に示すだ円の短軸 b が 0 になった極限の状態を考える．すなわち，$b\to0$ によってだ円 (ellipse) は図 6.20 のようなき裂 (crack) となる．き裂先端近傍の応力は遠方の応力に比べて著しく大きいことが予想されるので，図 6.20 のき裂先端 A から x 軸上の微小距離 ε の点の応力を調べてみる．

すなわち，$b\to0$ によって，$(a+\varepsilon,0)$ の点の応力は式 (6.50) より次のようになる．

$$\sigma_y=\frac{\xi^2+1}{\xi^2-1}\sigma_0=\frac{\sigma_0 x}{\sqrt{x^2-a^2}}=\frac{\sigma_0(a+\varepsilon)}{\sqrt{2a\varepsilon+\varepsilon^2}} \tag{6.56}$$

き裂先端のごく近傍では $\varepsilon/a\ll1$ として

$$\sigma_y\cong\frac{\sigma_0\sqrt{a}}{\sqrt{2\varepsilon}} \tag{6.57}$$

この式から，き裂先端近傍の応力は $\sqrt{\varepsilon}$ に反比例して大きくなることがわかる．このことを，き裂先端近傍の応力分布の**特異性** (singularity) は

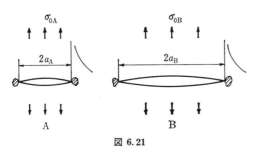

図 6.21

$1/\sqrt{\varepsilon}$ または $\varepsilon^{-0.5}$ という. 式 (6.57) によれば, 分子の $\sigma_0\sqrt{a}$ の値が同じであれば, 寸法が異なるき裂でもき裂先端近傍の応力分布は同じであることがわかる. しかし, 式 (6.57) は, 線形弾性論に従えば $\varepsilon\to0$ のとき $\sigma_y\to\infty$ となることを意味している. もちろん実際にはそうはならない. σ_y が大きくなると, き裂先端では破壊が起こる前に弾性状態からはずれた状態, たとえば塑性変形が起こるであろう. すなわち, 図 6.21 に示すように長さの異なる A と B の二つのき裂を比較するとき, $\sigma_{0A}\sqrt{a_A}=\sigma_{0B}\sqrt{a_B}$ であれば, き裂先端近傍の状態の具体像は不明でも両者の先端では同じことが起こることが予想される. ただし, この予想がもっともらしいのは, き裂先端の**塑性域**の大きさがき裂長さに比べて小さいことが条件となる (**小規模降伏条件**, condition of small scale yielding). このような理由から, 式 (6.57) の分子 $\sigma_0\sqrt{a}$ という量が重要となる.

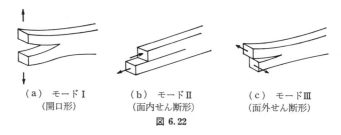

（a） モードⅠ 　（b） モードⅡ 　（c） モードⅢ
（開口形） 　　（面内せん断形） 　（面外せん断形）

図 6.22

このようなき裂先端近傍の応力分布の特異性の重要性に注目することによって, 破壊の理論を組み立てる試みが 1957 年頃から G. R. Irwin らによって始められ, 現在の**破壊力学**という新しい分野が誕生した.

さて一般に, き裂の変形は図 6.22

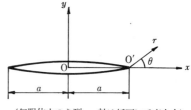

（無限体中のき裂, z 軸は紙面に垂直方向）

図 6.23

(a), (b) および (c) の 3 種類に分けることができる. これら 3 種類の変形様式は, それぞれ**モード I**, **モード II** および**モード III** と呼ばれている. 各モードの場合のき裂先端近傍の応力と変位を図 6.23 の座標系を用いてまとめて示すと次のようになる.

〔モード I （開口形）〕：

$$\left.\begin{aligned}
\sigma_x &= \frac{K_{\mathrm{I}}}{\sqrt{2\pi r}} \cos\frac{\theta}{2}\left(1 - \sin\frac{\theta}{2}\cdot\sin\frac{3\theta}{2}\right) \\
\sigma_y &= \frac{K_{\mathrm{I}}}{\sqrt{2\pi r}} \cos\frac{\theta}{2}\left(1 + \sin\frac{\theta}{2}\cdot\sin\frac{3\theta}{2}\right) \\
\tau_{xy} &= \frac{K_{\mathrm{I}}}{\sqrt{2\pi r}} \cos\frac{\theta}{2}\cdot\sin\frac{\theta}{2}\cdot\cos\frac{3\theta}{2} \\
u &= \frac{K_{\mathrm{I}}}{2G}\sqrt{\frac{r}{2\pi}} \cos\frac{\theta}{2}\left(\kappa - 1 + 2\sin^2\frac{\theta}{2}\right) \\
v &= \frac{K_{\mathrm{I}}}{2G}\sqrt{\frac{r}{2\pi}} \sin\frac{\theta}{2}\left(\kappa + 1 - 2\cos^2\frac{\theta}{2}\right)
\end{aligned}\right\} \quad (6.58)$$

〔モード II （面内せん断形）〕：

$$\left.\begin{aligned}
\sigma_x &= -\frac{K_{\mathrm{II}}}{\sqrt{2\pi r}} \sin\frac{\theta}{2}\left(2 + \cos\frac{\theta}{2}\cdot\cos\frac{3\theta}{2}\right) \\
\sigma_y &= \frac{K_{\mathrm{II}}}{\sqrt{2\pi r}} \sin\frac{\theta}{2}\cdot\cos\frac{\theta}{2}\cdot\cos\frac{3\theta}{2} \\
\tau_{xy} &= \frac{K_{\mathrm{II}}}{\sqrt{2\pi r}} \cos\frac{\theta}{2}\left(1 - \sin\frac{\theta}{2}\cdot\sin\frac{3\theta}{2}\right) \\
u &= \frac{K_{\mathrm{II}}}{2G}\sqrt{\frac{r}{2\pi}} \sin\frac{\theta}{2}\left(\kappa + 1 + 2\cos^2\frac{\theta}{2}\right) \\
v &= -\frac{K_{\mathrm{II}}}{2G}\sqrt{\frac{r}{2\pi}} \cos\frac{\theta}{2}\left(\kappa - 1 - 2\sin^2\frac{\theta}{2}\right)
\end{aligned}\right\} \quad (6.59)$$

〔モード III （面外せん断形）〕：

$$\left.\begin{aligned}
\tau_{xz} &= -\frac{K_{\mathrm{III}}}{\sqrt{2\pi r}} \sin\frac{\theta}{2}, \qquad \tau_{yz} = \frac{K_{\mathrm{III}}}{\sqrt{2\pi r}} \cos\frac{\theta}{2} \\
w &= \frac{2K_{\mathrm{III}}}{G}\sqrt{\frac{r}{2\pi}} \sin\frac{\theta}{2}
\end{aligned}\right\} \quad (6.60)$$

ここで, G：横弾性係数, ν：ポアソン比, また

$$\kappa = \begin{cases} (3-\nu)/(1+\nu) & \text{：平面応力} \\ 3-4\nu & \text{：平面ひずみ} \end{cases}$$

である.

式 (6.58)～(6.60) において，K_I, K_{II}, K_{III} をそれぞれモード I, II, III の**応力拡大係数** (stress intensity factor) という.

図 6.23 で，遠方の σ_y が $\sigma_y = \sigma_0$ ならば

$$K_I = \sigma_0 \sqrt{\pi a} \qquad (6.61)$$

であり，遠方の τ_{xy} が $\tau_{xy} = \tau_0$ ならば

$$K_{II} = \tau_0 \sqrt{\pi a} \qquad (6.62)$$

また，遠方の τ_{yz} が $\tau_{yz} = \tau_0$ ならば

$$K_{III} = \tau_0 \sqrt{\pi a} \qquad (6.63)$$

であることが知られている. 式 (6.61) の結果は，式 (6.57) と式 (6.58) との比較によって理解できる. すなわち，式 (6.57) の分子の値の破壊における重要性を述べたが，現在では式 (6.57) の分子とは定数 $\sqrt{\pi}$ だけ異なる応力拡大係数 K_I, K_{II} および K_{III} で問題を論ずるのが慣例になっている.

一般に，K はき裂を含む弾性体の形状や境界条件によって変化するので，

$$K_I = F \sigma \sqrt{\pi a} \qquad (6.64)$$

のような形で表現するのが慣例になっている. 形状や境界条件の関数である F を決定することも最近の弾性力学の役目の一つになっている.

モード I と II が混在するとき，き裂先端近傍の応力の極座標成分は次のようになる.

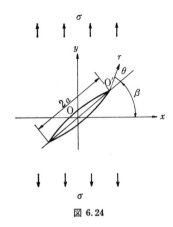

図 6.24

$$\sigma_r = \frac{K_{\mathrm{I}}}{\sqrt{2\pi r}}\left(\frac{5}{4}\cos\frac{\theta}{2} - \frac{1}{4}\cos\frac{3\theta}{2}\right) + \frac{K_{\mathrm{II}}}{\sqrt{2\pi r}}\left(-\frac{5}{4}\sin\frac{\theta}{2} + \frac{3}{4}\sin\frac{3\theta}{2}\right)$$
$$\left.\begin{array}{l}\sigma_\theta = \frac{K_{\mathrm{I}}}{\sqrt{2\pi r}}\left(\frac{3}{4}\cos\frac{\theta}{2} + \frac{1}{4}\cos\frac{3\theta}{2}\right) + \frac{K_{\mathrm{II}}}{\sqrt{2\pi r}}\left(-\frac{3}{4}\sin\frac{\theta}{2} - \frac{3}{4}\sin\frac{3\theta}{2}\right)\end{array}\right\} \quad (6.65)$$
$$\tau_{r\theta} = \frac{K_{\mathrm{I}}}{\sqrt{2\pi r}}\left(\frac{1}{4}\sin\frac{\theta}{2} + \frac{1}{4}\sin\frac{3\theta}{2}\right) + \frac{K_{\mathrm{II}}}{\sqrt{2\pi r}}\left(\frac{1}{4}\cos\frac{\theta}{2} + \frac{3}{4}\cos\frac{3\theta}{2}\right)$$

き裂が遠方の引張応力 σ に対して図 6.24 のように傾いているときは,

$$K_{\mathrm{I}} = \sigma\sqrt{\pi a}\cos^2\beta \qquad (6.66)$$

$$K_{\mathrm{II}} = \sigma\sqrt{\pi a}\cos\beta\cdot\sin\beta \qquad (6.67)$$

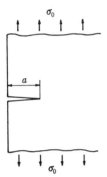 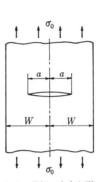 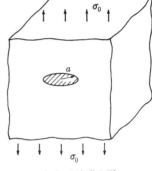

（a） 半無限板の縁き裂
$(K_{\mathrm{I}} = 1.12\sigma_0\sqrt{\pi a})$

（b） 帯板の中央き裂
$(K_{\mathrm{I}} = F(\lambda)\sigma_0\sqrt{\pi a},$
$F(\lambda) = (1 - 0.025\lambda^2 +$
$0.06\lambda^4)\sqrt{\sec(\pi\lambda/2)},$
$\lambda = a/W)$

（c） 円板状き裂
$(K_{\mathrm{I}} = 2/\pi\,(\sigma_0\sqrt{a\pi}))$

図 6.25

となる.

一般に, K_{I} と K_{II} が混在するき裂先端近傍
（図 6.24 の点 O′ 近傍）で, σ_θ が最大となる角
度 θ_0 は, 式 (6.65) より

$$K_{\mathrm{I}}\sin\theta_0 + K_{\mathrm{II}}(3\cos\theta_0 - 1) = 0 \quad (6.68)$$

を満たす必要がある. 式 (6.68) の根は

$$\tan\frac{\theta_0}{2} = \frac{1\pm\sqrt{1+8\gamma^2}}{4\gamma}, \qquad \gamma = \frac{K_{\mathrm{II}}}{K_{\mathrm{I}}} \quad (6.69)$$

となり, 2 根のうち σ_θ の大きい方の角度が θ_0

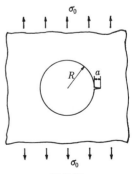

図 6.26

である. 式 (6.69) で与えられる θ_0 は, 脆性材料のき裂が伝ぱしていく方向を知る上で参考になる*.

参考のため, K_{I} の二, 三の例を図 6.25 に示す.

〖問題 6.8.1〗

円孔の応力集中係数と図 6.25(a) の K_{I} を利用して, 図 6.26 の場合の K_{I} を概算せよ. ただし, $a \ll R$ とする.

6.9 半無限板の縁に作用する集中力による応力場

図 6.27 や図 6.28 のように, 広い板の縁に作用する**集中力**による応力場の解は, 重ね合せによって種々の縁荷重や接触問題の解に応用できるので重要である (Melan, 1932). これらの問題の応力関数は次のようにして決定できる**. ただし, 板厚は単位厚さとする.

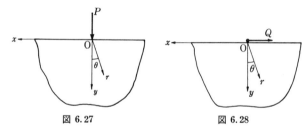

図 6.27   図 6.28

すでに述べたように, これらの問題は, 微分方程式 $\nabla^4 \phi = 0$ (式 (6.18)) をそれぞれの境界条件のもとで解けばよい. 境界条件は次のようになる.

図 6.27 の問題の境界条件は

（ⅰ） $\theta = \pm \pi/2$ で $\sigma_\theta = 0$, $\tau_{r\theta} = 0$

（ⅱ） 原点を中心とする半径 r の円に作用する力の合力 F_x, F_y は, r に無関係に $F_x = 0$, $F_y = -P$

である.

境界条件と式 (6.20) の形を考慮すると, ϕ は次式を満たさなければならない.

$$\theta = \pm \frac{\pi}{2} \text{ で } \frac{\partial \phi}{\partial r} = \text{一定}, \quad \frac{1}{r} \cdot \frac{\partial \phi}{\partial \theta} = \text{一定} \tag{6.70}$$

---

* F. Erdogan and G. C. Sih : Trans. ASME, Ser. D, 85-4 (1963), 519.
** ランダウ＝リフシッツ：弾性理論 (佐藤常三訳), 東京図書, (1981), 65.

この条件を満たすためには，ϕ を次のように置けばよい．

$$\phi = r \cdot f(\theta) \tag{6.71}$$

式 (6.71) の ϕ を極座標で表わした $\nabla^4 \phi$ に代入すると

$$\left(\frac{\partial^2}{\partial r^2} + \frac{1}{r} \cdot \frac{\partial}{\partial r} + \frac{1}{r^2} \cdot \frac{\partial^2}{\partial \theta^2}\right) \cdot \left(\frac{\partial^2 \phi}{\partial r^2} + \frac{1}{r} \cdot \frac{\partial \phi}{\partial r} + \frac{1}{r^2} \cdot \frac{\partial^2 \phi}{\partial \theta^2}\right)$$

$$= \frac{1}{r^3}\left(\frac{d^4 f}{d\theta^4} + 2\frac{d^2 f}{d\theta^2} + f\right) = 0$$

すなわち，

$$\frac{d^4 f}{d\theta^4} + 2\frac{d^2 f}{d\theta^2} + f = 0 \tag{6.72}$$

この解は，$A \sim D$ を未定係数として次のように書ける．

$$f = A\cos\theta + B\sin\theta + C\theta \cdot \cos\theta + D\theta \cdot \sin\theta \tag{6.73}$$

したがって，式 (6.71) と式 (6.73) より

$$\phi = r(A\cos\theta + B\sin\theta + C\theta \cdot \cos\theta + D\theta \cdot \sin\theta) \tag{6.74}$$

この ϕ を式 (6.20) に代入すると

$$\left.\begin{array}{l} \sigma_r = \dfrac{1}{r}(-2C\sin\theta + 2D\cos\theta) \\[2mm] \sigma_\theta = 0, \quad \tau_{r\theta} = 0 \end{array}\right\} \tag{6.75}$$

図 6.27 の問題では，σ_r は θ の偶関数であることから $C=0$ でなければならない．すなわち，

$$\sigma_r = \frac{2D}{r}\cos\theta \tag{6.76}$$

境界条件（ii）より

$$\int_{-\pi/2}^{\pi/2} \sigma_r \cos\theta \cdot r d\theta = -P \tag{6.77}$$

$$\int_{-\pi/2}^{\pi/2} \sigma_r \sin\theta \cdot r d\theta = 0 \tag{6.78}$$

式 (6.76) と式 (6.77) より

$$D = -\frac{P}{\pi} \tag{6.79}$$

また，式 (6.78) は式 (6.76) の形によって満足される．結局，図 6.27 の問題の応力関数と応力場を表わす式は次のようにまとめられる．

$$\phi = -\frac{P}{\pi} r\theta \cdot \sin\theta \tag{6.80}$$

$$\sigma_r = -\frac{2P}{\pi} \cdot \frac{\cos\theta}{r}, \qquad \sigma_\theta = 0, \qquad \tau_{r\theta} = 0 \tag{6.81}$$

この応力分布は σ_r 以外は 0 であるので，応力分布は **simple radial distribution** という．

図 6.28 の解も同様な方法で得ることができ，結果は次のようになる．

$$\phi = \frac{Q}{\pi} r\theta \cdot \cos\theta \tag{6.82}$$

$$\sigma_r = -\frac{2Q}{\pi} \cdot \frac{\sin\theta}{r}, \qquad \sigma_\theta = 0, \qquad \tau_{r\theta} = 0 \tag{6.83}$$

これも，応力分布は simple radial distribution であり，図 6.27 と図 6.28 を合成しても simple radial distribution となる．

〔問題 6.9.1〕
　図 6.29 のように，集中力が半無限板の縁に斜めに作用する場合の解は，図 6.27 と図 6.28 の場合の重ね合せによっても得られるが，図 6.27 の解法の過程で，境界条件 (ii) を $F_x = -R\sin\alpha$, $F_y = -R\cos\alpha$ としても得られることを示せ．

【例題 6】
　図 6.30 のように，頂角 α の長いくさびの頂点に集中力 F_0 がくさびの中心線方向に作用するときの応力を求めよ．

【解】
〔境界条件〕：(i) $\theta = \pm\alpha/2$ で $\sigma_\theta = 0$, $\tau_{r\theta} = 0$
　　　　　　(ii) 半径 r の部分円弧に作用する力の合力 F_x, F_y が r に無関係に
　　　　　　　　 $F_x = 0$, $F_y = -F_0$

図 6.31 の $\theta = \pm\alpha/2$ の破線部は，図 6.30 の $\theta = \pm\alpha/2$ の境界条件と同じである．

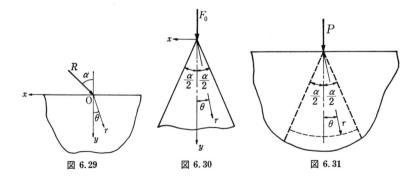

図 6.29　　　　　　　　図 6.30　　　　　　　　図 6.31

図 6.31 の $-\alpha/2 \leqq \theta \leqq \alpha/2$ 内の σ_r の分布は式 (6.81) で与えられるが，この σ_r の合力が $-F_0$ となるように P を決めると

$$\int_{-\alpha/2}^{\alpha/2} \sigma_r \cos \theta \cdot r d\theta = -F_0 \tag{6.84}$$

より

$$P = \frac{\pi}{(\alpha + \sin \alpha)} F_0 \tag{6.85}$$

したがって，図 6.30 のくさび内の応力は

$$\sigma_r = -\frac{2F_0}{(\alpha + \sin \alpha)} \cdot \frac{\cos \theta}{r}, \qquad \sigma_\theta = 0, \qquad \tau_{r\theta} = 0 \tag{6.86}$$

【別解】

図 6.27 の解と同様に応力関数から応力分布の決定も可能である．

【例題 7】

図 6.27 の問題における応力分布 σ_x, σ_y, τ_{xy} を求めよ．

【解】

$$\sigma_x = -\frac{2P}{\pi} \cdot \frac{\cos \theta \cdot \sin^2 \theta}{r}, \qquad \sigma_y = -\frac{2P}{\pi} \cdot \frac{\cos^3 \theta}{r}, \qquad \tau_{xy} = \frac{2P}{\pi} \cdot \frac{\cos^2 \theta \cdot \sin \theta}{r} \tag{6.87}$$

または，

$$\sigma_x = -\frac{2P}{\pi} \cdot \frac{x^2 y}{r^4}, \qquad \sigma_y = -\frac{2P}{\pi} \cdot \frac{y^3}{r^4}, \qquad \tau_{xy} = -\frac{2P}{\pi} \cdot \frac{xy^2}{r^4} \tag{6.88}$$

〖問題 6.9.2〗

図 6.32(a) は，半無限板の縁に**集中モーメント**が作用する場合を示している．この場合の解を図 6.32(b) の場合の極限 ($s \to 0$, $Ps = M$) として求めよ．

〖問題 6.9.3〗

図 6.33 のように縁にかかる**分布荷重**が変化する場合の解は，図 6.27 の問題の P を $q(\xi)d\xi$ に置き換え積分することによって得られる．このことを利用して簡単な分布の場合の解を導け．

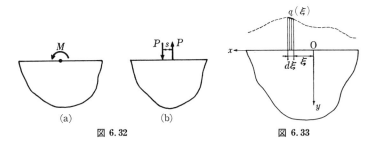

図 6.32　　　　　　　　図 6.33

6.10 集中荷重を受ける円板

　図6.34(a)のように，直径の両端で直径方向に等しい集中荷重（単位厚さ当り P）を受ける円板の解は，コンクリート円柱の強度試験や圧延ロールの変形解析に利用され応用が広い．図6.34(a)の問題は(b)，(c)および(d)の重ね合せで解くことができる*．(b)と(c)の問題は，図6.27の問題と同じであり，直径 d の仮想円周上での r_1 および r_2 方向垂直応力は次のようになる．

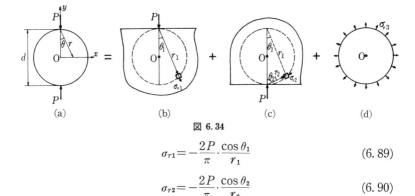

図 6.34

$$\sigma_{r1} = -\frac{2P}{\pi} \cdot \frac{\cos\theta_1}{r_1} \qquad (6.89)$$

$$\sigma_{r2} = -\frac{2P}{\pi} \cdot \frac{\cos\theta_2}{r_2} \qquad (6.90)$$

$\theta_1 + \theta_2 = \pi/2$，$r_1 = d\cos\theta_1$，$r_2 = d\cos\theta_2$ であることを考慮すると，σ_{r1}，σ_{r2} は次のようになる．

$$\sigma_{r1} = -\frac{2P}{\pi d}, \qquad \sigma_{r2} = -\frac{2P}{\pi d} \qquad (6.91)$$

$\sigma_{r1} = \sigma_{r2}$ であり，(r_1, θ_1) または (r_2, θ_2) の位置の微小要素にはせん断応力は作用しないから，(b)と(c)を重ね合わせると，荷重点を除き円周上には円の半径方向に $-2P/\pi d$ という圧縮応力が作用していることになる．この圧縮応力を解放するためには，(d)において $\sigma_{r3} = 2P/\pi d$ として重ね合わせればよい．

　結局，(b)，(c)および(d)の重ね合せの結果として，(a)の問題における y 軸上 $(x=0)$ の σ_x は

---

* S. P. Timoshenko and J. N. Goodier : Theory of elasticity, Third ed. McGraw -Hill International, (1982), 122.

$$\sigma_x = \frac{2P}{\pi d} \tag{6.92}$$

x 軸上の σ_y は次のようになる.

$$\sigma_y = -\frac{4P}{\pi} \cdot \frac{\cos^3\theta}{r} + \frac{2P}{\pi d} = \frac{2P}{\pi d}\Big[1 - \frac{4d^4}{(d^2+4x^2)^2}\Big] \tag{6.93}$$

第6章の問題

1. 図 6.35 は，内半径 a，外半径 b の円筒 B に半径 a の中実軸 A が初期応力 0 で すきまなくはめ込まれた状態から A の端面のみに軸方向圧縮荷重 $\sigma_z = -\sigma_0$ を作用させた状態を示している．このとき，B の内側に発生する円周方向応力を求めよ．ただし，A と B の間には摩擦はないものとする．またヤング率を E，ポアソン比を ν とする．

2. 内径 d，外径 D の中空円筒に外径 $\sim d$ の中実軸を焼きばめ代 $\varDelta$ で焼きばめするとき，円筒の内壁に生ずる応力 σ_r，σ_θ を求めよ．ただし，ヤング率，ポアソン比は円筒，軸ともに E，ν とする．また，焼きばめ代 $\varDelta$ は，中実軸の外径と円筒の内径との差で $\varDelta/d \ll 1$ である．

（注）　接触面の圧力を仮定し，軸と円筒の両者のそれぞれの変形分を計算する通常の解法の他に，焼きばめ後の状態から出発して解く方法がある．一つの問題を種々の解き方で解く試みも重要である．

3. 図 6.36(a), (b), (c) の各場合の孔縁 A 点の応力を概算せよ．

4. 図 6.37 の円板の中心部に円板の直径 D に比べて小さい円孔が存在すれば，その円孔縁の点 A（荷重線と円孔の交点）と点 B（点 A と 90° 異なる点）に生ずる応力はどの程度になるか．概算値と表 6.1 に示す数値計算結果とを比較せよ．ただし，集中荷重は単位厚さ当りの大きさとする．

5. 図 6.38 に示すように広い板の縁に幅 $2a$，高さ h の突起があり，突起の頂点に水平荷重 P（単位厚さ当り）が作用している．$2a$ に比べて遠方の (x, y) 点に微小

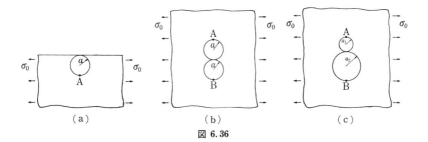

図 6.36

表 6.1　$K_t = \dfrac{\sigma_\theta}{2P/\pi D}$

d/D	K_{tA}	K_{tB}
0.05	6.095	−10.03
0.1	6.385	−10.11
0.2	7.598	−10.53
0.3	9.856	−11.56
0.4	13.68	−13.70
0.5	20.31	−17.80
0.6	32.84	−25.72
0.7	60.45	−42.99
0.8	140.7	−92.07

図 6.37　　　　　　　　　　　図 6.38

円孔が存在するとき，円孔縁に生ずる最大応力を求めよ．

6. 図 6.24 において，$\sigma_x = \sigma_0$，$\sigma_y = \sigma_0$，$\tau_{xy} = \tau_0$ が作用し，$\beta = 30°$ のとき応力拡大係数 K_I，K_II を求めよ．

7. 脆性材料中に図 6.24 のように遠方の引張応力 σ に対して β だけ傾斜したき裂が存在するとき，き裂の進展方向は σ_θ が最大となる面 θ_0 に一致するとして予測することができる．$\beta = \pi/4$ のとき，θ_0 の値を概算せよ．必要であれば次の表を利用せよ．

α	$\sin^{-1}\alpha$	$\cos^{-1}\alpha$	$\tan^{-1}\alpha$
0.1	0.100	1.47	0.100
0.2	0.201	1.37	0.197
0.3	0.305	1.27	0.291
0.4	0.412	1.16	0.381
0.5	0.524	1.05	0.464
0.6	0.644	0.927	0.540
0.7	0.775	0.795	0.610
0.8	0.927	0.643	0.675
0.9	1.12	0.451	0.733

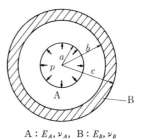

A : E_A, ν_A，B : E_B, ν_B

図 6.39

8. 図 6.39 に示すように内圧 p を受けるパイプ A をパイプ B が補強しているとき，A の内側 $(r = a)$ の円周方向の引張応力 σ_θ と B の内側 $(r = b)$ の引張応力 σ_θ を計算せよ．ただし，最初 A は B の内側にすきまなく応力 0 の状態ではめ込まれているものとする．また，A，B のヤング率とポアソン比はそれぞれ E_A，ν_A および E_B，ν_B である．

第7章　一様断面棒のねじり

　一様な断面をもつ真直な棒やはりがねじりを受ける問題は，動力伝達軸や各種の構造部材にみられる．薄肉断面のねじり問題は航空機や船舶などにおいて重要であるが，**開断面**と**閉断面**とではねじりに対する剛性が著しく異なることに注意しなければならない．解法はこれまで述べた平面問題のそれとはやや異なるが，平衡条件，適合条件および境界条件を満たすことが基本であることは同じである．

7.1　円形断面棒のねじり

　この問題は材料力学で扱っているが，他の場合との比較のため解を示しておく．

　図 7.1 において，$\tau_{\theta z}=\tau_{z\theta}$ であるから，以下では代表として $\tau_{z\theta}$ を用いて関係式を表わす．直径 d の丸棒をねじりモーメント T でねじるとき，半径 r の位置の dr の円環領域が受けもつねじりモーメント dT は次のようになる．

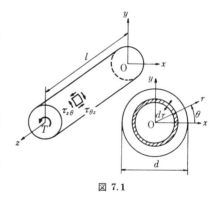

図 7.1

$$dT=2\pi r^2 \tau_{z\theta}dr \tag{7.1}$$

$r=d/2$ における $\tau_{z\theta}$ を $\tau_{\max}$ で表わすと

$$\tau_{z\theta}=\frac{2r}{d}\tau_{\max} \tag{7.2}$$

したがって，

$$T=\int dT=\int_0^{d/2}\frac{4\pi}{d}r^3\tau_{\max}dr=\frac{\pi d^3}{16}\tau_{\max} \tag{7.3}$$

$$\tau_{\max}=\frac{16T}{\pi d^3}=\frac{T}{Z_P}, \quad Z_P：ねじりの断面係数 \tag{7.4}$$

ねじれ角 φ は，丸棒の単位長さ当りのねじれ角（**比ねじれ角**）を θ_0 とする

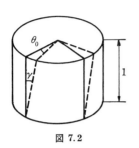

図 7.2

と，単位長さ間のねじり変形を表わす図 7.2 を参照して

$$\theta_0=\frac{\gamma}{d/2}=\frac{\tau_{\max}}{G(d/2)}=\frac{T}{GZ_P(d/2)}=\frac{T}{GI_P} \quad (7.5)$$

$$I_P=\frac{\pi d^4}{32} : 極断面二次モーメント \quad (7.6)$$

$$\varphi=l\theta_0=\frac{Tl}{GI_P} \quad (7.7)$$

　式 (7.4) と式 (7.7) は円形断面のみに適用できるもので，断面形状が円形以外の場合に，その極断面二次モーメントや断面係数を使用してせん断応力やねじれ角を算出してはならない．

7.2　閉じた薄肉断面棒のねじり

　図 7.3(a) のような**閉じた薄肉断面棒**をねじりモーメント T でねじる場合のせん断応力とねじれ角は，次のようにして求まる．周上の任意の2点 A，B において，厚さ方向の直線を含む軸方向平面で切断した部分を軸方向に単位長さだけ取り出すと図 7.3(b) のようになる．切断面には，図 7.3(b) の

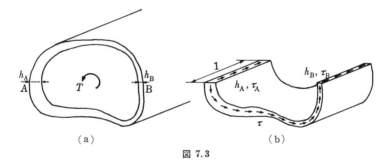

(a)　　　　　　　　　　　　　(b)

図 7.3

矢印の向きにせん断応力が働いているはずである．取り出した部分について，軸方向（z 方向）の平衡条件は A，B における軸方向せん断応力のみが関係するから

$$\tau_A h_A \cdot 1 = \tau_B h_B \cdot 1 \quad (7.8)$$

ここで，h_A，h_B はそれぞれ点 A，B における板厚である．A，B は特別な点ではないから，式 (7.8) は周のいたるところで次の関係が満たされること

を意味している.

$$\tau h = \text{一定} \tag{7.9}$$

式 (7.9) の関係を**せん断流れ一定の条件**という.

ねじりモーメント T とせん断応力と断面の形状または寸法との関係を得るため，図 7.4 に示すように周上の微小部分 ds に働くせん

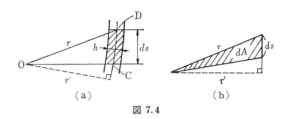

図 7.4

断応力 τ が任意の1点 O を通る z 軸に関して作るモーメントを考えると

$$dT = \tau h ds \cdot r' \tag{7.10}$$

したがって，式 (7.9) を考慮すると

$$T = \oint \tau h r' ds = \tau h \oint r' ds \tag{7.11}$$

また，$r' ds$ は △OCD の面積の2倍に等しいから $\oint r' ds$ は薄肉断面の肉の中心線によって囲まれる内部の面積 A の2倍を表わすことがわかる. 結局,

$$T = 2\tau h A \tag{7.12}$$

T と比ねじれ角 θ_0 との関係は，T のなした仕事がひずみエネルギに等しいとして求めることができる*. すなわち，単位長さ当りの量に注目して,

$$\oint \frac{\tau^2}{2G} h ds = \frac{1}{2} T \theta_0 \tag{7.13}$$

式 (7.12) と式 (7.13) より

$$\theta_0 = \frac{T}{4 A^2 G} \oint \frac{ds}{h} \tag{7.14}$$

もし，肉厚が全周で一定値 h_0 をとるならば，全周長を s_0 として次の関係が得られる.

$$\theta_0 = \frac{T s_0}{4 A^2 G h_0} \tag{7.15}$$

---

* ひずみエネルギについての詳しい説明は第8章になされているが，ここでは材料力学の知識で十分である.

7.3　サンブナン（Saint-Venant）のねじり問題

　一様な断面棒の両端面にねじりモーメントだけを受ける問題を**サンブナン**
（Saint-Venant）のねじり問題という．この問題を解くため次の三つの仮定
を置く．

　（ⅰ）　ある基準点 $z=0$ からのねじれ角を考えるとき，$z=z_1$，$z=z_2$ での
ねじれ角をそれぞれ φ_1，φ_2 とすると

$$\varphi_2/\varphi_1 = z_2/z_1 \tag{7.16}$$

である．

　（ⅱ）　断面は z の値にかかわらず同じ形に変形する．

　（ⅲ）　端面におけるねじりモーメントは，静的に等価であればどのような
方法で負荷したものでも，直径または代表寸法程度離れたところでの効果は
同じとみなせる（Saint-Venant の原理）．

　仮定（ⅲ）は，端面付近が完全にねじりによるせん断応力だけの分布にな
らず，実際には断面において軸方向の垂直応力が発生する場合もありうるこ
とを想定している．しかし，この垂直応力を断面内で積分した値は 0 となる
ので，これらの乱れは軸方向の遠くまで及ばないのである．このことから，
仮定（ⅰ）と（ⅱ）も合理的なものといえる．

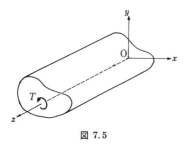

図 7.5

　ねじり問題を解く際に，Saint-Venant
は上の仮定を考慮に入れ変形をある程度
仮定して出発することを試みた．その方
法は，**Saint-Venant の半逆法**（semi-
inverse method）といわれている．図
7.5 のように座標系をとる．z は棒の軸
方向，断面 x-y 上の不動点を原点 O に
とる．x, y, z 方向の変位をそれぞれ u, v, w とするとき，Saint-Venant の
仮定は次のようなものである．

$$\left.\begin{array}{l} u = -\theta_0 z y \\ v = \theta_0 z x \\ w = \theta_0 \varphi(x, y) \end{array}\right\} \tag{7.17}$$

ここで，θ_0 は比ねじれ角，$\varphi(x, y)$ は
断面の凹凸の程度を表わす関数で，円
形断面の場合は $\varphi(x, y)=0$ である．
Navier はせん断応力が点 O からの距
離に比例すると仮定して失敗した．
Saint-Venant の仮定は，図 7.6 を参
照すればもっともらしいことが期待さ
れるが，正しいかどうかは平衡条件，
適合条件，境界条件を満たしうるかど
うかによって判定される．

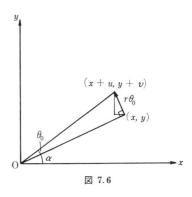

図 7.6

式 (7.17) の変位によるひずみと応力は次のようになる．

$$\left.\begin{aligned}
&\varepsilon_x = \varepsilon_y = \varepsilon_z = \gamma_{xy} = 0 \\
&\gamma_{zx} = \frac{\partial w}{\partial x} + \frac{\partial u}{\partial z} = \theta_0 \left(\frac{\partial \varphi}{\partial x} - y \right) \\
&\gamma_{yz} = \frac{\partial w}{\partial y} + \frac{\partial v}{\partial z} = \theta_0 \left(\frac{\partial \varphi}{\partial y} + x \right)
\end{aligned}\right\} \tag{7.18}$$

$$\left.\begin{aligned}
&\sigma_x = \sigma_y = \sigma_z = \tau_{xy} = 0 \\
&\tau_{zx} = G\theta_0 \left(\frac{\partial \varphi}{\partial x} - y \right) \\
&\tau_{yz} = G\theta_0 \left(\frac{\partial \varphi}{\partial y} + x \right)
\end{aligned}\right\} \tag{7.19}$$

式 (7.18) の形で表わされるひずみは適合条件式 (2.24) を満たすので，
残る問題は式 (7.19) の応力が平衡条件式 (4.4) と境界条件を満たすように
関数 $\varphi(x, y)$ をいかにして決定するかに帰着される．しかし，この方向での
解法は必ずしも容易ではなく応用が限られている．ただし，式 (7.17) の形
を予想した意義は大きく，以下に述べる応力関数による解法の基礎になって
いる．

7.4 ねじりの応力関数

正解は平衡条件，適合条件，境界条件を満たさなければならない．これら
を順次検討していく．

〔平衡方程式〕

$$\frac{\partial \tau_{zx}}{\partial x}+\frac{\partial \tau_{yz}}{\partial y}+\frac{\partial \sigma_z}{\partial z}+Z=0 \tag{7.20}$$

他の平衡方程式 $(x, y$ 方向) は自動的に満足する. また, $\sigma_z=0$, $Z=0$ であるから

$$\frac{\partial \tau_{zx}}{\partial x}+\frac{\partial \tau_{yz}}{\partial y}=0 \tag{7.21}$$

最終的な目的は, $\tau_{zx}=f(x,y)$, $\tau_{yz}=g(x,y)$ なる二つの関数を知ることであるが, 平衡方程式 (7.21) による条件が一つあるので, τ_{zx}, τ_{yz} は一つの関数で表わすことができる. $f(x, y)$ を使わず

$$\tau_{zx}=\frac{\partial \phi}{\partial y} \text{ とおけば } \tau_{yz}=-\frac{\partial \phi}{\partial x} \tag{7.22}$$

となる. ここで, ϕ を**ねじりの応力関数**という.

〔適合条件〕

式 (2.24) と式 (7.18) より

$$\frac{\partial}{\partial x}\left(-\frac{\partial \gamma_{yz}}{\partial x}+\frac{\partial \gamma_{zx}}{\partial y}\right)=0 \tag{7.23}$$

$$\frac{\partial}{\partial y}\left(\frac{\partial \gamma_{yz}}{\partial x}-\frac{\partial \gamma_{zx}}{\partial y}\right)=0 \tag{7.24}$$

$$\frac{\partial}{\partial z}\left(\frac{\partial \gamma_{yz}}{\partial x}+\frac{\partial \gamma_{zx}}{\partial y}\right)=0 \tag{7.25}$$

他の条件式は自動的に満足する. γ_{yz}, γ_{zx} は z に無関係であるから, 式 (7.25) も成立する. したがって, 式 (7.23) と式 (7.24) より

$$-\frac{\partial \gamma_{yz}}{\partial x}+\frac{\partial \gamma_{zx}}{\partial y}=C' \tag{7.26}$$

すなわち,

$$-\frac{\partial \tau_{yz}}{\partial x}+\frac{\partial \tau_{zx}}{\partial y}=C \tag{7.27}$$

このように, 式 (7.26) と式 (7.27) の右辺が一定値となるためには, ひずみと応力が Saint-Venant の仮定 (7.17) から導かれる式 (7.18) と式 (7.19) の形でなければならない.

式 (7.22) を式 (7.27) に代入すると

$$\frac{\partial^2 \phi}{\partial x^2} + \frac{\partial^2 \phi}{\partial y^2} = C \tag{7.28}$$

また，式 (7.19) を式 (7.27) に代入すると

$$C = -2G\theta_0 \tag{7.29}$$

したがって，

$$\frac{\partial^2 \phi}{\partial x^2} + \frac{\partial^2 \phi}{\partial y^2} = -2G\theta_0 \tag{7.30}$$

結局，式 (7.30) と境界条件を満たす解が正解ということになる.

〔境界条件〕

応力関数 ϕ と境界条件との関連を調べるため，図7.7のように境界を含む

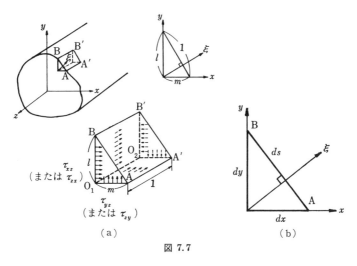

図 7.7

微小三角柱要素を考える. 棒の側面 AA′B′B は自由表面であるので，応力は作用していない. したがって，$O_1AA′O_2$ に働く z 方向の力と $O_1O_2B′B$ に作用する z 方向の力の和は 0 になる. すなわち，微小要素の z 方向長さを単位にとると，

$$\tau_{zx}l \cdot 1 + \tau_{yz}m \cdot 1 = 0 \tag{7.31}$$

ここで，l, m は境界に立てた法線の x, y 軸に関する方向余弦であり，s を反時計回りにとると次のように表わされる.

$$l=\frac{dy}{ds}, \qquad m=-\frac{dx}{ds} \qquad (7.32)$$

したがって，式 (7.32) を式 (7.31) に代入して

$$\tau_{zx}\frac{dy}{ds}-\tau_{yz}\frac{dx}{ds}=0 \qquad (7.33)$$

ここで，式 (7.22) の応力関数を使うと

$$\frac{\partial\phi}{\partial y}\cdot\frac{dy}{ds}+\frac{\partial\phi}{\partial x}\cdot\frac{dx}{ds}=\frac{\partial\phi}{\partial s}=0 \quad (境界上) \qquad (7.34)$$

すなわち，C を任意の一定値として

$$\phi=C \quad (境界上) \qquad (7.35)$$

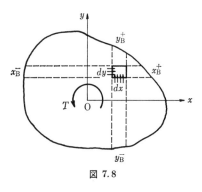

図 7.8

C は任意であるが，境界が一つの問題では簡単のため $C=0$ に選ぶ.

ϕ の最終的な表現を得るためには，式 (7.30) と式 (7.35) に加えて ϕ とねじりモーメント T の関係を知る必要がある. これは，図7.8を参照し，境界上で $\phi=0$ を考慮すると次のように導かれる. ただし，y_{B}^{+} や y_{B}^{-} はそれぞれ上下の境界の y 座標を意味し，x_{B}^{+}，x_{B}^{-} も同様である.

$$
\begin{aligned}
T &= \iint (-y\tau_{zx}dx\cdot dy+x\tau_{yz}dx\cdot dy) \\
&= \iint (-y\tau_{zx}+x\tau_{yz})dx\cdot dy \\
&= -\iint \left(y\frac{\partial\phi}{\partial y}+x\frac{\partial\phi}{\partial x}\right)dx\cdot dy \\
&= -\int\left\{\left[y\phi\right]_{y_{\mathrm{B}}^{-}}^{y_{\mathrm{B}}^{+}}-\int\phi dy\right\}dx-\int\left\{\left[x\phi\right]_{x_{\mathrm{B}}^{-}}^{x_{\mathrm{B}}^{+}}-\int\phi dx\right\}dy \\
&= 2\iint \phi dx\cdot dy \qquad (7.36)
\end{aligned}
$$

すなわち，

$$T=2\int_{\mathrm{A}}\phi dA, \quad A:断面積 \qquad (7.37)$$

[例]　だ円形断面棒のねじり（図 7.9）.

$x^2/a^2+y^2/b^2-1=0$ で表わされるだ円形断面棒のねじり問題は，式 (7.35) で $C=0$ を考慮し，次のように ϕ を仮定することによって解くことができる.

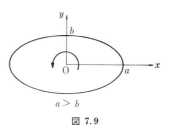

図 7.9

$$\phi=C_0\left(\frac{x^2}{a^2}+\frac{y^2}{b^2}-1\right) \quad (7.38)$$

C_0 は，式 (7.30) と式 (7.37) とから

$$C_0=\frac{a^2b^2}{2(a^2+b^2)}\cdot C \qquad (7.39)$$

$$C=-2G\theta_0=-\frac{2T(a^2+b^2)}{\pi a^3b^3} \qquad (7.40)$$

7.5　薄膜問題とねじり問題の類似（membrane analogy）

L. Prandtl (1903) は，石けん膜の変形を表わす微分方程式が棒のねじり問題を応力関数で表現したときの微分方程式と類似であることに気づき，ねじり問題の多くが，石けん膜の理論と実験とによって解けることを示した.

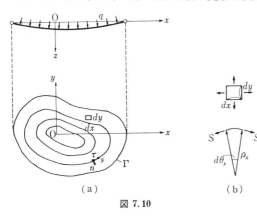

図 7.10

　枠の形状が Γ である針金に石けん膜を張り内圧 q をかけると，石けん膜は山状に膨らみ，その形状は図 7.10(a) のようになる．このとき，微小膜要素 $dx\cdot dy$ の平衡を図 7.10(b) を参照して考えると

$$\frac{1}{\rho_x}=-\frac{\partial^2 z}{\partial x^2}, \quad \frac{1}{\rho_y}=-\frac{\partial^2 z}{\partial y^2} \qquad (7.41)$$

ただし，z は膜の変位である.

　また，

$$d\theta_x = \frac{dx}{\rho_x}, \qquad d\theta_y = \frac{dy}{\rho_y} \tag{7.42}$$

であるから，S を表面張力とすると

$$\frac{dx}{\rho_x}Sdy + \frac{dy}{\rho_y}Sdx - qdx \cdot dy = 0 \tag{7.43}$$

したがって，式 (7.41) と式 (7.43) より

$$\frac{\partial^2 z}{\partial x^2} + \frac{\partial^2 z}{\partial y^2} = -\frac{q}{S} \tag{7.44}$$

これは，応力関数 ϕ が満足すべき方程式 (7.30) と同じ形式である（ただし，$\partial z/\partial x$, $\partial z/\partial y \ll 1$ でなければならない）．

以上より，ねじり問題と石けん膜の問題の対応関係は次のようになる．

ねじり問題	石けん膜問題
ϕ	z
$\phi = 0$（境界上）	$z = 0$（同じ面上で周囲固定）
$-2G\theta_0$	$-\dfrac{q}{S}$
$T = 2\displaystyle\iint \phi\, dx \cdot dy$	$2\displaystyle\iint z\, dx \cdot dy$（膜が含む体積の 2 倍）
$-\dfrac{\partial \phi}{\partial n}$（等高線方向の応力）	$-\dfrac{\partial z}{\partial n}$（等高線直角方向の傾斜）
	$\left(\text{等高線}\quad z = \text{一定，等高線上}\ \dfrac{\partial z}{\partial s} = 0\right)$

これらの対応関係によって次の関係式が導かれる．

$$\frac{\phi}{2G\theta_0} = \frac{z}{q/S} \tag{7.45}$$

$$\frac{\partial \phi/\partial n}{2G\theta_0} = \frac{\partial z/\partial n}{q/S} \tag{7.46}$$

$$-\frac{\partial z}{\partial n} = \frac{\tau}{2G\theta_0} \cdot \frac{q}{S} \tag{7.47}$$

ここで，一つの等高線が囲む閉曲線について

$$-\oint \frac{\partial z}{\partial n}Sds = qA, \qquad A：\text{等高線が囲む面積} \tag{7.48}$$

であるから，式 (7.47) によって次の重要な関係が導かれる．

$$\oint \tau\, ds = 2G\theta_0 A \tag{7.49}$$

以下では，この membrane analogy の応用について述べる.

7.6 薄肉開断面棒のねじり

　図 7.11(a) に示すように，境界が
一つの曲線で表わされる断面をもつ
棒を**開断面棒**という．これに対して，
図 7.11(b) のように境界が二つ以
上の曲線からなる断面を**閉じた断面**
（または**閉断面**）という.

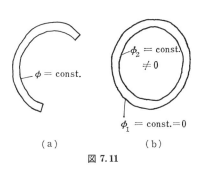

（a）　　　　（b）

図 7.11

　薄肉開断面棒の問題は，membrane analogy の応用によってうまく解くことができる.

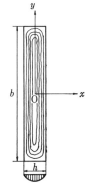

図 7.12

　[例 1]　細長い長方形断面をもつ板のねじり.

　図 7.12 に示すように，縦横比の大きい長方形断面に
membrane analogy を適用する場合には，長方形の外
周の枠に石けん膜を張り，一方から圧力 q をかけること
を想定する．このとき，膜面の等高線は長方形内の曲線
のようになるであろう．この状態を式で表わすと

$$\frac{\partial^2 z}{\partial x^2}+\frac{\partial^2 z}{\partial y^2}=-\frac{q}{S} \tag{7.50}$$

　ここで，$\partial^2 z/\partial y^2$ は断面内の大部分の領域で $\partial^2 z/\partial y^2 \cong 0$
とみなされるから，

$$\frac{d^2 z}{dx^2}=-\frac{q}{S} \tag{7.51}$$

この式を次々積分すると

$$\frac{dz}{dx}=-\frac{q}{S}x+C_1 \tag{7.52}$$

$x=0$ で $dz/dx=0$ より $C_1=0$ である．したがって，

$$z=-\frac{q}{2S}x^2+C_2 \tag{7.53}$$

$x=\pm h/2$ で $z=0$ より $C_2=qh^2/8S$ である．したがって，

$$z = -\frac{q}{2S}x^2 + \frac{qh^2}{8S} \qquad (7.54)$$

これから，$x = \pm h/2$ で

$$-\frac{dz}{dx}\Big|_{\max} = \pm\frac{qh}{2S} \qquad (7.55)$$

膜が含む体積を V とすると

$$V \cong 2\int_0^{h/2} bz\,dx = \frac{qbh^3}{12S} \qquad (7.56)$$

$2G\theta_0$ と q/S の対応関係より

$$T = 2V = \frac{bh^3}{3}G\theta_0 \qquad (7.57)$$

$$\tau = 2G\theta_0 x \qquad (7.58)$$

$$\tau_{\max} = hG\theta_0 \qquad (7.59)$$

$$\theta_0 = \frac{3T}{bh^3 G} \qquad (7.60)$$

$$\tau_{\max} = \frac{3T}{bh^2} \qquad (7.61)$$

［例2］ スリットのある薄肉パイプ．

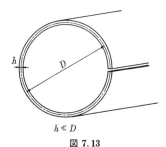

$h \ll D$

図 7.13

図 7.13 のようなスリットのある薄肉パイプ $(h \ll D)$ では，［例1］の b に相当する寸法は πD であり，この置換えによって［例1］の結果をそのまま使うことができる．

［例3］ 種々の開断面.

図 7.14(a), (b), (c) のような断面をもつ棒のねじり問題も［例1］と同様な考え方を適用すればよい．［例1］の b に相当する寸法は，(a) では $b \cong 2a$，(b) では $b \cong b_1 + 2b_2$，(c) では $b \cong b_1 + 2b_2$ である．

［例4］ 長方形断面棒のねじり*．

図 7.15 で示すような長方形断面をもつ棒のねじり問題は，曲げの問題とは異なり，極断面二次モーメントや断面係数だけを公式的に用いて解くと，

---

* S. P. Timoshenko and J. N. Goodier : Theory of elasticity, Third ed. McGraw -Hill International, (1982), 309.

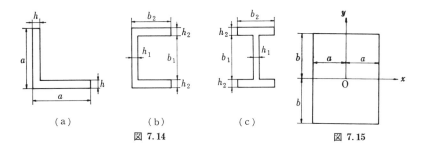

図 7.14　　　　　　　　　　　　　図 7.15

誤った解が得られることに注意しなければならない.

membrane analogy でこの問題を解くときの基本式は

$$\frac{\partial^2 z}{\partial x^2}+\frac{\partial^2 z}{\partial y^2}=-\frac{q}{S} \tag{7.62}$$

石けん膜の膨らみを想像して z を次のように仮定する.

$$z=\sum_{n=1,3,5}^{\infty}\beta_n\cos\frac{n\pi x}{2a}Y_n, \quad \beta_n:定数, \quad Y_n=Y_n(y) \tag{7.63}$$

右辺 $-q/S$ を $-a<x<a$ で Fourier 級数に展開すると

$$-\frac{q}{S}=-\sum_{n=1,3,5}^{\infty}\frac{q}{S}\cdot\frac{4}{n\pi}(-1)^{(n-1)/2}\cos\frac{n\pi x}{2a} \tag{7.64}$$

式 (7.63) と式 (7.64) を式 (7.62) に代入すると

$$Y_n''-\frac{n^2\pi^2}{4a^2}Y_n=-\frac{q}{S}\cdot\frac{4}{n\pi\beta_n}(-1)^{(n-1)/2} \tag{7.65}$$

これを解いて

$$Y_n=A\sinh\frac{n\pi y}{2a}+B\cosh\frac{n\pi y}{2a}+\frac{16qa^2}{Sn^3\pi^3\beta_n}(-1)^{(n-1)/2} \tag{7.66}$$

膜変位の対称性より $A=0$ である. また, $y=\pm b$ で $z=0$ より $Y_n(\pm b)=0$ の条件から B が決定され, 結局

$$Y_n=\frac{16qa^2}{Sn^3\pi^3\beta_n}(-1)^{(n-1)/2}\left[1-\frac{\cosh(n\pi y/2a)}{\cosh(n\pi b/2a)}\right] \tag{7.67}$$

これを式 (7.63) に代入すれば z が求まる.

最後に, q/S と $2G\theta_0$ および z と ϕ の対応性より ϕ が決定される. ϕ の形が決まるとせん断応力 (τ_{zx} または τ_{yz}) やねじれ角を表わす式も求められるが, これらはいずれも級数形をしているので, 具体的な数値を得るには若干

表 7.1

b/a	k	k_1	k_2
1.0	0.675	0.1406	0.208
1.2	0.759	0.166	0.219
1.5	0.847	0.196	0.231
2.0	0.930	0.229	0.246
2.5	0.968	0.249	0.258
3	0.985	0.263	0.267
4	0.997	0.281	0.282
5	0.999	0.291	0.291
10	1.0	0.312	0.312
∞	1.0	0.333	0.333

の数値計算が必要である.

表 7.1 に, $\tau_{\max}=k2G\theta_0 a$, $T=k_1 G\theta_0(2a)^3 \cdot (2b)$, $\tau_{\max}=T/k_2(2a)^2(2b)$ と表現したときの係数 k, k_1 および k_2 の数値計算結果*を示す. せん断応力の最大値は長辺の中点に生ずる.

7.7 開断面棒と閉断面棒のねじり剛性の比較

閉断面棒のねじり剛性が開断面棒のそれに比べて著しく大きい理由は,式 (7.14) または式 (7.15) に示されるように境界の内側の面積 A の寄与が大きいためである. 以下に,二,三の比較例を示す.

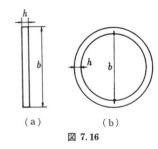

(a)　　　　(b)

図 7.16

［例 1］ 細長い長方形断面と薄肉パイプ (図 7.16).

図 7.16 (a) と (b) の比ねじれ角 θ_{01} と θ_{02} は,それぞれ次のようになる.

$$\theta_{01}=\frac{3T_1}{Gbh^3} \tag{7.68}$$

$$\theta_{02}=\frac{T_2 s_0}{4A^2 Gh}=\frac{4T_2}{G\pi b^3 h} \tag{7.69}$$

したがって, $T_1=T_2$ のときのねじれ角を比較すると

$$\frac{\theta_{01}}{\theta_{02}}=\frac{3\pi b^3 h}{4bh^3}=\frac{3\pi}{4}\left(\frac{b}{h}\right)^2 \gg 1 \tag{7.70}$$

また,同じねじれ角を与えるねじりモーメントを比較すると, $\theta_{01}=\theta_{02}$ として,

$$\frac{T_1}{T_2}=\frac{4}{3\pi}\left(\frac{h}{b}\right)^2 \tag{7.71}$$

---

* S. P. Timoshenko and J. N. Goodier : Theory of elasticity, Third ed. McGraw -Hill International, (1982), 312.

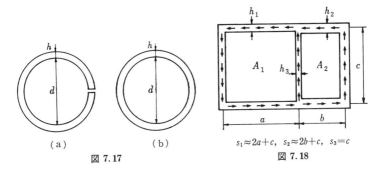

$s_1 \approx 2a+c,\ \ s_2 \approx 2b+c,\ \ s_3 = c$

図 7.17　　　　　　　　　　　図 7.18

となるから，$h/b \cong 0.1$ 程度のときは $T_1/T_2 \cong 4 \times 10^{-3}$ となる．したがって，図 7.16(b) のパイプの直径部分に (a) を溶接しても，ねじり剛性の向上にはほとんど役立たないことになる．

　［例 2］　スリットをもつ薄肉パイプと閉じた薄肉パイプ．

　図 7.17(a) と (b) で，ねじれ角が等しいときのねじりモーメントを比較すると

$$\frac{T_1}{T_2} = \frac{4}{3}\left(\frac{h}{d}\right)^2 \tag{7.72}$$

したがって，$h/d = 0.1$ のとき $T_1/T_2 \cong 0.01$，$h/d = 0.01$ のとき $T_1/T_2 \cong 10^{-4}$ であり剛性の差が大きい．

　［例 3］　リブをもつ薄肉閉断面（図 7.18）．

　図 7.18 のような断面の場合に，これまで導かれた式を当てはめると次のような関係が得られる．

$$\tau_1 h_1 = \tau_2 h_2 + \tau_3 h_3 \tag{7.73}$$

$$T = 2A_1\tau_1 h_1 + 2A_2\tau_2 h_2 \tag{7.74}$$

式 (7.49) を考慮すると

$$\tau_1 s_1 + \tau_3 s_3 = 2G\theta_0 A_1 \tag{7.75}$$

$$\tau_2 s_2 - \tau_3 s_3 = 2G\theta_0 A_2 \tag{7.76}$$

以上の式から，τ_1，τ_2，τ_3 が得られるが，τ_1 のみを示すと次のようになる．

$$\tau_1 = \frac{T[s_2 h_3 A_1 + s_3 h_2 (A_1 + A_2)]}{2[s_2 h_1 h_3 A_1{}^2 + s_1 h_2 h_3 A_2{}^2 + s_3 h_1 h_2 (A_1 + A_2)^2]} \tag{7.77}$$

第7章の問題

1.　図 7.19 に示すような寸法の薄肉箱形のはりが一端で固定され他端でねじりモーメント T を受けているとき，ねじれ角 φ を求めよ．ただし，せん断弾性係数を G とする．

2.　図 7.20 に示すような片持ばりが自由端でねじりモーメント T を受けるとき，自由端のねじれ角 φ を求めよ．ただし，板厚 t は一定とし，断面の高さは a_1 から a_2 まで直線的に変化するものとする．ヤング率を E，ポアソン比を ν とする．

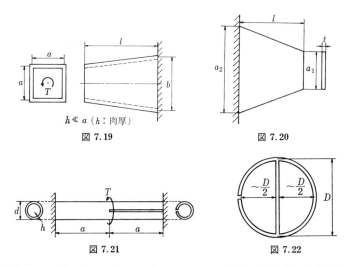

$h \ll a$（h：肉厚）

図 7.19　　　　　　　図 7.20

図 7.21　　　　　　　図 7.22

3.　図 7.21 に示すように，長さの 1/2 だけスリットをもつ薄肉パイプ（平均直径 d，肉厚 h）の両端を固定して中央部にねじりモーメント T をかけるとき，中央部のねじれ角 φ を求めよ．ただし，せん断弾性係数を G とする．

4.　図 7.22 のような断面をもつパイプがねじりモーメント T を受けるとき，単位長さ当りのねじれ角 θ_0 を求めよ．ただし，肉厚はすべて h とし，$h \ll D$ とする．

第8章　エネルギ原理

弾性力学の根底をなす諸原理は，系のエネルギに注目することによって得られたものが多い．この章では，それらの諸原理の代表的なものの紹介と応用について説明する．

8.1　ひずみエネルギ（strain energy）

物体に外力が作用したときの内部の状態変化を記述する歴史的な順序は，原子や分子の位置の変化に注目することであったが，当然のことながらその試みは失敗した*．外力のなした仕事は，原子の位置のエネルギの変化，すなわちひずみエネルギとして貯えられることは想像できるが，それが現在の形式に表現できたのは Cauchy によってまず応力とひずみの定義がなされたからである．

現在，一般に用いられている**応力**と**ひずみ**の概念は Cauchy (1868)* によって得られたものである．Cauchy は物体の微視的構造の具体像に触れることなく，応力またはひずみという量が物体の変形や破損に関連すると考えた．この単純な考えが弾性力学の発展の糸口となったのである．

式 (8.1)～(8.4) は，すべて Cauchy によって導かれた関係である．式 (8.1) の p_x, p_y, p_z は，図 8.1 に示すように x, y, z 軸に関して方向余弦 (l, m, n) をもつ平面に働く単位面積当りの合力の x, y, z 方向成分である（図 1.13 に関する説明を参照せよ）．式 (8.2)～(8.4) は，すでに説明した関係である．

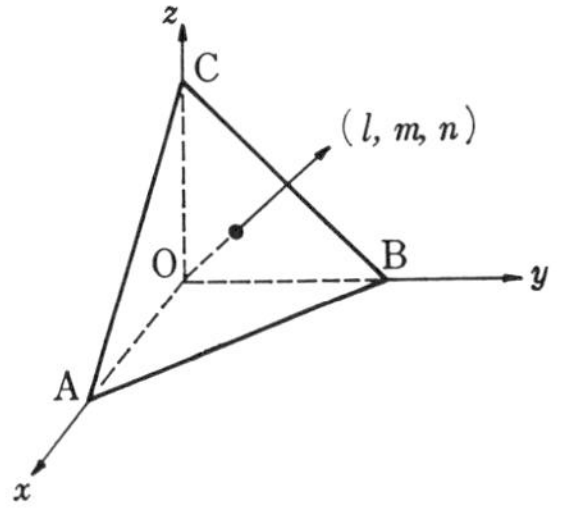

図 8.1

$$p_x = \sigma_x l + \tau_{yx} m + \tau_{zx} n \left.\begin{array}{}\\\\\\\end{array}\right\}$$
$$p_y = \tau_{xy} l + \sigma_y m + \tau_{zy} n$$
$$p_z = \tau_{xz} l + \tau_{yz} m + \sigma_z n$$

(8.1)

---

* 詳しくは S. P. Timoshenko : The History of Strength of Materials, McGraw-Hill (1953) を参照のこと．

$$\tau_{xy}=\tau_{yx}, \qquad \tau_{zx}=\tau_{xz}, \qquad \tau_{yz}=\tau_{zy} \tag{8.2}$$

$$\left.\begin{aligned}
\frac{\partial\sigma_x}{\partial x}+\frac{\partial\tau_{yx}}{\partial y}+\frac{\partial\tau_{zx}}{\partial z}+X=0 \\[4pt]
\frac{\partial\tau_{xy}}{\partial x}+\frac{\partial\sigma_y}{\partial y}+\frac{\partial\tau_{zy}}{\partial z}+Y=0 \\[4pt]
\frac{\partial\tau_{xz}}{\partial x}+\frac{\partial\tau_{yz}}{\partial y}+\frac{\partial\sigma_z}{\partial z}+Z=0
\end{aligned}\right\} \quad \text{(平衡方程式)} \tag{8.3}$$

$$\left.\begin{aligned}
\varepsilon_x=\frac{\partial u}{\partial x}, \qquad \varepsilon_y=\frac{\partial v}{\partial y}, \qquad \varepsilon_z=\frac{\partial w}{\partial z} \\[4pt]
\gamma_{xy}=\frac{\partial u}{\partial y}+\frac{\partial v}{\partial x}, \qquad \gamma_{yz}=\frac{\partial v}{\partial z}+\frac{\partial w}{\partial y}, \qquad \gamma_{zx}=\frac{\partial w}{\partial x}+\frac{\partial u}{\partial z}
\end{aligned}\right\} \tag{8.4}$$

　一定温度，等エントロピ過程のもとで，外力のなす仕事は**ひずみエネルギ**に等しいという指摘は Clapeyron (1799～1864) によってなされた*.

　物体に外力が作用していない状態は熱力学的平衡状態にあり，この状態を**自然状態**といい，このときのエネルギ状態を E_0 とする．外力が作用すると，物体は変形した状態すなわち自然状態から乱された状態になり，このときのエネルギ状態を E_1 とする．弾性変形内では外力を除去すると，もとの自然状態に戻る性質があるから，E_1 と E_0 との差は

$$\varDelta E=E_1-E_0$$

のように書くことができ，$\varDelta E>0$ と考えることができる．$\varDelta E$ を**ひずみエネルギ**といい，$\varDelta E>0$ であることをひずみエネルギは**正値形式**であるという．

　ひずみエネルギを物体内の応力とひずみを用いて表現すると，次のようになる．

　図8.2のように物体内に微小直方体要素を想像し，それに作用する応力を

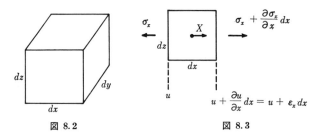

図 8.2　　　　　　　　　　図 8.3

---

* 前出 S. P. Timoshenko : The History of Strength of Materials.

$\sigma_x, \sigma_y, \sigma_z, \tau_{xy}, \cdots$, ひずみを $\varepsilon_x, \varepsilon_y, \varepsilon_z, \gamma_{xy}, \cdots$, 体積力を X, Y, Z で表わす.
ひずみエネルギに対する $\sigma_x, \varepsilon_x, X$ の寄与を図8.3を参照して考えると

$$\frac{1}{2}\Big(\sigma_x+\frac{\partial\sigma_x}{\partial x}dx\Big)dy\cdot dz(u+\varepsilon_x dx)-\frac{1}{2}\sigma_x dy\cdot dz\cdot u$$

$$\cong\frac{1}{2}\sigma_x\varepsilon_x dx\cdot dy\cdot dz+\frac{1}{2}u\frac{\partial\sigma_x}{\partial x}dx\cdot dy\cdot dz$$

$$=\frac{1}{2}\Big(\sigma_x\varepsilon_x+u\frac{\partial\sigma_x}{\partial x}\Big)dx\cdot dy\cdot dz \tag{8.5}$$

$$\frac{1}{2}X\Big(u+\frac{1}{2}\varepsilon_x dx\Big)dx\cdot dy\cdot dz\cong\frac{1}{2}Xu\,dx\cdot dy\cdot dz \tag{8.6}$$

また，せん断応力 τ_{xz} の寄与分を図8.4を参照して考えると

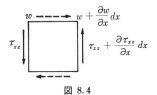

図 8.4

$$\frac{1}{2}\Big(\tau_{xz}+\frac{\partial\tau_{xz}}{\partial x}dx\Big)dy\cdot dz\Big(w+\frac{\partial w}{\partial x}dx\Big)-\frac{1}{2}\tau_{xz}dy\cdot dz\cdot w$$

$$\cong\frac{1}{2}\Big(\tau_{xz}\frac{\partial w}{\partial x}+w\frac{\partial\tau_{xz}}{\partial x}\Big)dx\cdot dy\cdot dz \tag{8.7}$$

同様にして，他の応力とひずみによるものは次のようになる.

$$\frac{1}{2}\Big(\sigma_y\varepsilon_y+v\frac{\partial\sigma_y}{\partial y}\Big)dx\cdot dy\cdot dz, \qquad \frac{1}{2}\Big(\sigma_z\varepsilon_z+w\frac{\partial\sigma_z}{\partial z}\Big)dx\cdot dy\cdot dz,$$

$$\frac{1}{2}\Big(\tau_{xy}\frac{\partial v}{\partial x}+v\frac{\partial\tau_{xy}}{\partial x}\Big)dx\cdot dy\cdot dz, \qquad \frac{1}{2}\Big(\tau_{xy}\frac{\partial u}{\partial y}+u\frac{\partial\tau_{xy}}{\partial y}\Big)dx\cdot dy\cdot dz,$$

$$\frac{1}{2}\Big(\tau_{yz}\frac{\partial w}{\partial y}+w\frac{\partial\tau_{yz}}{\partial y}\Big)dx\cdot dy\cdot dz, \qquad \frac{1}{2}\Big(\tau_{yz}\frac{\partial v}{\partial z}+v\frac{\partial\tau_{yz}}{\partial z}\Big)dx\cdot dy\cdot dz,$$

$$\frac{1}{2}\Big(\tau_{xz}\frac{\partial u}{\partial z}+u\frac{\partial\tau_{xz}}{\partial z}\Big)dx\cdot dy\cdot dz$$

また，体積力 Y, Z によるものは

$$\frac{1}{2}Yv\,dx\cdot dy\cdot dz, \qquad \frac{1}{2}Zw\,dx\cdot dy\cdot dz$$

すべてを合計したものを dU と書くと，式 (8.2) と式 (8.4) の関係を考慮して，

$$dU = \frac{1}{2}\Big[(\sigma_x \varepsilon_x + \sigma_y \varepsilon_y + \sigma_z \varepsilon_z + \tau_{xy} \gamma_{xy} + \tau_{yz} \gamma_{yz} + \tau_{zx} \gamma_{zx})$$

$$+ u\Big(\frac{\partial \sigma_x}{\partial x} + \frac{\partial \tau_{yx}}{\partial y} + \frac{\partial \tau_{zx}}{\partial z} + X\Big) + v\Big(\frac{\partial \tau_{xy}}{\partial x} + \frac{\partial \sigma_y}{\partial y} + \frac{\partial \tau_{zy}}{\partial z} + Y\Big)$$

$$+ w\Big(\frac{\partial \tau_{xz}}{\partial x} + \frac{\partial \tau_{yz}}{\partial y} + \frac{\partial \sigma_z}{\partial z} + Z\Big)\Big] dx \cdot dy \cdot dz \tag{8.8}$$

[　] の中の第 2, 3, 4 項は，平衡方程式そのものを含むので 0 となる．したがって

$$dU = \frac{1}{2}(\sigma_x \varepsilon_x + \sigma_y \varepsilon_y + \sigma_z \varepsilon_z + \tau_{xy} \gamma_{xy} + \tau_{yz} \gamma_{yz} + \tau_{zx} \gamma_{zx}) dx \cdot dy \cdot dz \tag{8.9}$$

単位体積当りのひずみエネルギを U_0 で表わすと，$dU = U_0 dx \cdot dy \cdot dz$ となり

$$U_0 = \frac{1}{2}(\sigma_x \varepsilon_x + \sigma_y \varepsilon_y + \sigma_z \varepsilon_z + \tau_{xy} \gamma_{xy} + \tau_{yz} \gamma_{yz} + \tau_{zx} \gamma_{zx}) \tag{8.10}$$

この U_0 を**ひずみエネルギ関数**（strain energy function）という．

フックの法則を用いると，U_0 を応力だけまたはひずみだけで表現することができ，次のようになる．

$$U_0 = \frac{1}{2E}\{(\sigma_x{}^2 + \sigma_y{}^2 + \sigma_z{}^2) - 2\nu(\sigma_x \sigma_y + \sigma_y \sigma_z + \sigma_z \sigma_x)\}$$

$$+ \frac{1}{2G}(\tau_{xy}{}^2 + \tau_{yz}{}^2 + \tau_{zx}{}^2) \tag{8.11}$$

$$U_0 = \frac{E\nu}{2(1+\nu)\cdot(1-2\nu)}(\varepsilon_x + \varepsilon_y + \varepsilon_z)^2$$

$$+ G\Big\{(\varepsilon_x{}^2 + \varepsilon_y{}^2 + \varepsilon_z{}^2) + \frac{1}{2}(\gamma_{xy}{}^2 + \gamma_{yz}{}^2 + \gamma_{zx}{}^2)\Big\} \tag{8.12}$$

また，U_0 を応力とひずみの極座標表示で表わしておくと便利なことが多い．

$U_0 \geqq 0$（正値形式）であることから，ポアソン比 ν のとりうる範囲が決まる．すなわち，

$$-1 < \nu < 1/2 \tag{8.13}$$

多くの金属材料のポアソン比は $\nu = 0.25 \sim 0.33$ であり，特に，鋼では $\nu \cong 0.3$ である．式 (8.13) によれば，ポアソン比は負値もとりうるが，$\nu < 0$ となる材料は報告されていない．

〖**問題 8.1.1**〗
　式 (8.10) から式 (8.11) および式 (8.12) を導け．

〖**問題 8.1.2**〗
　式 (8.13) を導け．

〚問題 8.1.3〛

次の関係を証明せよ.

$$\varepsilon_x = \frac{\partial U_0}{\partial \sigma_x}, \qquad \varepsilon_y = \frac{\partial U_0}{\partial \sigma_y}, \qquad \varepsilon_z = \frac{\partial U_0}{\partial \sigma_z}, \qquad \gamma_{xy} = \frac{\partial U_0}{\partial \tau_{xy}}, \quad \cdots \tag{8.14}$$

$$\sigma_x = \frac{\partial U_0}{\partial \varepsilon_x}, \qquad \sigma_y = \frac{\partial U_0}{\partial \varepsilon_y}, \qquad \sigma_z = \frac{\partial U_0}{\partial \varepsilon_z}, \qquad \tau_{xy} = \frac{\partial U_0}{\partial \gamma_{xy}}, \quad \cdots \tag{8.15}$$

〚問題 8.1.4〛

図 8.5(a), (b) は, 遠方で 2 軸一様な引張応力 σ_0 を受ける広い板（単位厚さ）を示す. 図 (a) の場合には孔がない. 図 (b) の場合には半径 a の円孔が存在する. このとき, 次の問に答えよ.

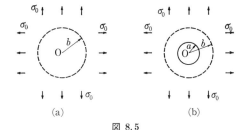

図 8.5

（1）破線で示す半径 b の円の内部に含まれるひずみエネルギ U_1（図 (a)）, U_2（図 (b)）を計算せよ. ただし, ヤング率を E, ポアソン比を ν とする.

（2）図 (b) で, $a \to 0$ のとき U_1 と U_2 の大小関係は次のうちどれになるか.

$$U_1 = U_2, \qquad U_1 > U_2, \qquad U_1 < U_2$$

8.2 弾性解の一意性

微小変形を取り扱う線形弾性体の問題の解は一つであることを証明する.

いま, 問題 A の解が仮に二つあるものとし, それらを解1, 解2とする.

解 1：$\sigma_x', \sigma_y', \sigma_z', \tau_{xy}', \cdots, \varepsilon_x', \varepsilon_y', \cdots$

解 2：$\sigma_x'', \sigma_y'', \sigma_z'', \tau_{xy}'', \cdots, \varepsilon_x'', \varepsilon_y'', \cdots$

解1, 解2は適合条件, 平衡条件, 境界条件を満足するから, まず, 解1について平衡条件式を書くと

$$\left.\begin{array}{l} \dfrac{\partial \sigma_x'}{\partial x} + \dfrac{\partial \tau_{xy}'}{\partial y} + \dfrac{\partial \tau_{zx}'}{\partial z} + X = 0 \\[2mm] \dfrac{\partial \tau_{xy}'}{\partial x} + \dfrac{\partial \sigma_y'}{\partial y} + \dfrac{\partial \tau_{yz}'}{\partial z} + Y = 0 \\[2mm] \dfrac{\partial \tau_{zx}'}{\partial x} + \dfrac{\partial \tau_{yz}'}{\partial y} + \dfrac{\partial \sigma_z'}{\partial z} + Z = 0 \end{array}\right\} \tag{8.16}$$

境界条件は, 境界上の単位面積当りの合力の x, y, z 方向成分を p_x, p_y, p_z とし, 面の法線と x, y, z 軸との方向余弦を (l, m, n) とすると

$$\sigma_x{}'l+\tau_{yx}{}'m+\tau_{zx}{}'n=p_x \\ \tau_{xy}{}'l+\sigma_y{}'m+\tau_{zy}{}'n=p_y \\ \tau_{xz}{}'l+\tau_{yz}{}'m+\sigma_z{}'n=p_z \tag{8.17}$$

同様に，解2についても式 (8.16) と式 (8.17) とまったく同じ式が成り立つ．これらを式 (8.18)，(8.19) とする．

解2の平衡条件式 (8.18)

解2の境界条件式 (8.19)

解1と解2の差を $\sigma_x=\sigma_x{}'-\sigma_x{}''$, $\sigma_y=\sigma_y{}'-\sigma_y{}''$, … とすると，

$$\frac{\partial \sigma_x}{\partial x}+\frac{\partial \tau_{xy}}{\partial y}+\frac{\partial \tau_{zx}}{\partial z}=0 \\ \frac{\partial \tau_{xy}}{\partial x}+\frac{\partial \sigma_y}{\partial y}+\frac{\partial \tau_{yz}}{\partial z}=0 \\ \frac{\partial \tau_{zx}}{\partial x}+\frac{\partial \tau_{yz}}{\partial y}+\frac{\partial \sigma_z}{\partial z}=0 \tag{8.20}$$

$$\sigma_x l+\tau_{yx} m+\tau_{zx} n=0 \\ \tau_{xy} l+\sigma_y m+\tau_{zy} n=0 \\ \tau_{xz} l+\tau_{yz} m+\sigma_z n=0 \tag{8.21}$$

式 (8.20)，(8.21) は，解1と解2の差が体積力なし，外力なしの問題の解，すなわち自然状態の解であることを意味している．また，適合条件式も満足していることも容易に示すことができる．自然状態では，ひずみエネルギが0であるから，U_0 の正値形式性を考慮すると式(8.11)または式 (8.12) から

$$\sigma_x=\sigma_y=\sigma_z=\cdots=0 \tag{8.22}$$

すなわち，

$$\sigma_x{}'=\sigma_x{}'', \qquad \sigma_y{}'=\sigma_y{}'', \cdots \tag{8.23}$$

したがって，線形弾性問題の解は唯一である．以上の議論は基礎方程式の線形性に由来しており，**重ね合せの原理**の成立の根拠もこのことから理解できる．すなわち，

問題Aの解＋問題Bの解＝AとBの境界条件を合わせた問題の解

となる．これに対して，材料非線形問題，幾何学的非線形問題などでは，解の一意性や重ね合せの原理は必ずしも成り立たない．

8.3 仮想仕事の原理 （principle of virtual work）

　剛体に働く力が平衡を保っているとき，**仮想変位** (virtual displacement) を剛体に与えてその変位に対して外力（表面力と体積力）がなす仕事を計算すれば0になっている．このことを**仮想変位の原理** (principle of virtual displacement) という．

　一方，外力が働き平衡を保っている弾性体に仮想変位*を与えると，仮想変位に対してその外力がなす仕事は0にならず，その仮想変位から計算されるひずみに対して応力がなす仕事，すなわちひずみエネルギの変化に等しい．このことを**仮想仕事の原理** (principle of virtual work) という．このことは次のようにして証明される．

　証明に必要な記号を次のように定義する．

　　S：弾性体の表面

　　V：S によって囲まれる内部領域

　　S_u：S の一部で，変位境界条件が与えられた部分

　　S_σ：S の一部で，力（または応力）境界条件が与えられた部分

　　$\boldsymbol{p}(p_x, p_y, p_z)$：$S_\sigma$ 上の境界条件

　　$\boldsymbol{F}(X, Y, Z)$：体積力

　　$\delta u,\ \delta v,\ \delta w$：$S_u$ 以外の部分に与える仮想変位

U_s を表面力がなす仕事とすると，

$$U_s = \int_S (p_x \delta u + p_y \delta v + p_z \delta w) dS \tag{8.24}$$

（S_σ 以外では $\boldsymbol{p}=\boldsymbol{0}$ であるから，S を S_σ としてもよい）

ここで，式 (8.1) を用いると

$$
\begin{aligned}
U_s &= \int_S [(\sigma_x l + \tau_{xy} m + \tau_{zx} n)\delta u + (\tau_{xy} l + \sigma_y m + \tau_{yz} n)\delta v \\
&\quad + (\tau_{zx} l + \tau_{yz} m + \sigma_z n)\delta w] dS \\
&= \int_S [(\sigma_x \delta u + \tau_{xy} \delta v + \tau_{zx} \delta w)l + (\tau_{xy} \delta u + \sigma_y \delta v + \tau_{yz} \delta w)m \\
&\quad + (\tau_{zx} \delta u + \tau_{yz} \delta v + \sigma_z \delta w)n] dS
\end{aligned}
\tag{8.25}
$$

＊　仮想変位は，$x,\ y,\ z$ の連続関数で実際の変位に比べて小さいものとする．また，変位に関する境界条件は破らないものとする．

上式は，Gauss の発散定理*によって

$$U_s = \int_V \left[\frac{\partial}{\partial x}(\sigma_x \delta u + \tau_{xy}\delta v + \tau_{zx}\delta w) + \frac{\partial}{\partial y}(\tau_{xy}\delta u + \sigma_y \delta v + \tau_{yz}\delta w) \right.$$

$$\left. + \frac{\partial}{\partial z}(\tau_{zx}\delta u + \tau_{yz}\delta v + \sigma_z \delta w) \right] dV$$

$$= \int_V \left[\left(\frac{\partial \sigma_x}{\partial x} + \frac{\partial \tau_{xy}}{\partial y} + \frac{\partial \tau_{zx}}{\partial z} \right)\delta u + \left(\frac{\partial \tau_{xy}}{\partial x} + \frac{\partial \sigma_y}{\partial y} + \frac{\partial \tau_{yz}}{\partial z} \right)\delta v \right.$$

$$+ \left(\frac{\partial \tau_{zx}}{\partial x} + \frac{\partial \tau_{yz}}{\partial y} + \frac{\partial \sigma_z}{\partial z} \right)\delta w + \sigma_x \frac{\partial \delta u}{\partial x} + \sigma_y \frac{\partial \delta v}{\partial y} + \sigma_z \frac{\partial \delta w}{\partial z}$$

$$\left. + \tau_{xy}\left(\frac{\partial \delta v}{\partial x} + \frac{\partial \delta u}{\partial y} \right) + \tau_{yz}\left(\frac{\partial \delta w}{\partial y} + \frac{\partial \delta v}{\partial z} \right) + \tau_{zx}\left(\frac{\partial \delta u}{\partial z} + \frac{\partial \delta w}{\partial x} \right) \right] dV \quad (8.26)$$

ここで，平衡方程式 (8.3) を考慮すると

$$\int_{S_\sigma}(p_x \delta u + p_y \delta v + p_z \delta w)dS_\sigma + \int_V (X\delta u + Y\delta v + Z\delta w)dV$$

$$= \int_V (\sigma_x \delta\varepsilon_x + \sigma_y \delta\varepsilon_y + \sigma_z \delta\varepsilon_z + \tau_{xy}\delta\gamma_{xy} + \tau_{yz}\delta\gamma_{yz} + \tau_{zx}\delta\gamma_{zx})dV \quad (8.27)$$

　以上の議論の中で仮想変位というのはあくまで仮想の変位であり，この変位によって外力や応力が変化するとは考えない．証明の中で平衡方程式が用いられていることから理解できるように，仮想仕事の原理は平衡方程式が成り立たない系に対しては成立しない．逆にいえば，仮想仕事の原理は平衡方程式が姿を変えたものであり，仮想仕事の原理と平衡方程式とは等価である．ただ，応用の面で利用価値が異なる．

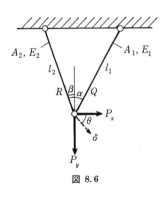

図 8.6

　変位境界条件を破らない任意の微小仮想変位を与えるとき，仮想仕事の原理を満たす資格のある応力は平衡方程式を満たす応力だけである．また，仮想仕事の原理の導出には平衡方程式しか用いていないので，この原理は線形弾性問題のみならず非線形弾性問題や弾塑性問題にも適用できる．

　［例］

　図8.6に示すように2本の棒をピンで連結

---

* 付録2を参照のこと．

した構造において，連結点のピンに仮想変位 δ を水平に対して θ 方向に与えるとき，仮想仕事の原理は次のように書ける．

仮想仕事の原理

$$P_x \delta \cos \theta + P_y \delta \sin \theta$$
$$= Q\delta \cos\left(\frac{\pi}{2} - \theta + \alpha\right) + R\delta \cos\left(\frac{\pi}{2} - \theta - \beta\right)$$

これを変形すると
$$P_x \cos \theta \cdot \delta + P_y \sin \theta \cdot \delta$$
$$= (-Q \sin \alpha + R \sin \beta) \cos \theta \cdot \delta + (Q \cos \alpha + R \cos \beta) \sin \theta \cdot \delta$$
この式が任意の δ に対して成り立つためには，次式が成立しなければならない．

$$P_x = -Q \sin \alpha + R \sin \beta$$
$$P_y = Q \cos \alpha + R \cos \beta$$

これは，平衡条件式そのものである．

平衡条件式

以上の例では，仮想仕事の原理は平衡条件式 2 個を一つの式で表わしたものであり，平衡条件式と内容は等価であることが理解できる．

〚問題 8.3.1〛

図 8.7 の棒の引張りの問題において $x=x$ における x 方向の垂直応力を σ_x（未知）とし，x の位置に $\delta u = \alpha x^2$（$\alpha=$定数）なる仮想変位を与えるものとする．仮想仕事の原理によって $\sigma_x = \sigma_0$ であることを示せ（平衡条件を考えれば $\sigma_x = \sigma_0$ であることは自明であるが，平衡条件式の知識がないものとして代わりに仮想仕事の原理を用いる問題）．

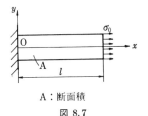

A：断面積
図 8.7

8.4 最小ポテンシャルエネルギの原理

仮想仕事の原理式 (8.27) の右辺と左辺の差はどのような物理的意味をもつかを考える．

式 (8.15) を考慮すると

$$\int_V (\sigma_x \delta\varepsilon_x + \sigma_y \delta\varepsilon_y + \sigma_z \delta\varepsilon_z + \tau_{xy} \delta\gamma_{xy} + \tau_{yz} \delta\gamma_{yz} + \tau_{zx} \delta\gamma_{zx}) dV$$

$$= \int_V \left(\frac{\partial U_0}{\partial \varepsilon_x} \delta\varepsilon_x + \frac{\partial U_0}{\partial \varepsilon_y} \delta\varepsilon_y + \frac{\partial U_0}{\partial \varepsilon_z} \delta\varepsilon_z + \frac{\partial U_0}{\partial \gamma_{xy}} \delta\gamma_{xy} + \frac{\partial U_0}{\partial \gamma_{yz}} \delta\gamma_{yz} + \frac{\partial U_0}{\partial \gamma_{zx}} \delta\gamma_{zx} \right) dV$$

$$= \int_V \delta U_0 \, dV \tag{8.28}$$

式 (8.27) の右辺と左辺の差を $\delta\Pi$ と書くと

$$\delta\Pi = \int_V \delta U_0 \, dV - \int_{S_\sigma} (p_x \delta u + p_y \delta v + p_z \delta w) dS$$

$$- \int_V (X\delta u + Y\delta v + Z\delta w) dV \tag{8.29}$$

ここで，$\boldsymbol{p}(p_x, p_y, p_z)$ および $\boldsymbol{F}(X, Y, Z)$ が不変という制限をつけると

$$\delta\Pi = \delta\int_V U_0 \, dV - \delta\int_{S_\sigma} (p_x u + p_y v + p_z w) dS$$

$$- \delta\int_V (Xu + Yv + Zw) dV \tag{8.30}$$

そこで，

$$\Pi = \int_V U_0 \, dV - \int_{S_\sigma} (p_x u + p_y v + p_z w) dS$$

$$- \int_V (Xu + Yv + Zw) dV \tag{8.31}$$

で定義される Π を系の**ポテンシャルエネルギ** (potential energy of the system) という．式 (8.31) の右辺の第1項はひずみエネルギ，第3項はいわゆるポテンシャルエネルギであり，第2項は外力のポテンシャルエネルギと呼ばれている．

　上に示したように，仮想仕事の原理に式 (8.15) の関係と外力が不変という制限をつけると

　仮想仕事の原理 $\Longrightarrow \delta\Pi = 0$ （ポテンシャルエネルギが停留値をとる）

となる．

　制限がついているので，仮想仕事の原理ほどの一般性はなくなるが，実際問題にはこれらの制限を満たすものが多いので，$\delta\Pi = 0$ という形式は応用範囲が広い．

〖問題 8.4.1〗

$\delta\Pi = 0$ となるとき，Π の値は極小値であることを証明せよ．このことを**最小ポテンシャルエネルギの原理** (principle of minimum potential energy) という．

〖ヒント〗 $\delta\Pi = \Pi(u+\delta u, v+\delta v, w+\delta w) - \Pi(u,v,w) \geqq 0$ を証明する．

$$U_0(\varepsilon_x + \delta\varepsilon_x, \varepsilon_y + \delta\varepsilon_y, \cdots) = U_0(\varepsilon_x, \varepsilon_y, \cdots) + \frac{\partial U_0}{\partial \varepsilon_x}\delta\varepsilon_x + \frac{\partial U_0}{\partial \varepsilon_y}\delta\varepsilon_y + \cdots$$

$$+ \frac{1}{2}\left\{\frac{\partial^2 U_0}{\partial \varepsilon_x{}^2}(\delta\varepsilon_x)^2 + \frac{\partial^2 U_0}{\partial \varepsilon_y{}^2}(\delta\varepsilon_y)^2 + \cdots + \frac{\partial^2 U_0}{\partial \varepsilon_x \partial \varepsilon_y}\delta\varepsilon_x\,\delta\varepsilon_y + \cdots\right\} + \cdots$$

自然状態では $\varepsilon_x = \varepsilon_y = \cdots = 0$，$\sigma_x = \sigma_y = \cdots = 0$，$U_0 = 0$ である，また，正値形式性より $U_0(\delta\varepsilon_x, \delta\varepsilon_y, \cdots) > 0$ である．

これから

$$\frac{1}{2}\left\{\frac{\partial^2 U_0}{\partial \varepsilon_x{}^2}(\delta\varepsilon_x)^2 + \cdots\right\} > 0$$

[例]

図 8.8 の片持ばりの変位を最小ポテンシャルエネルギの原理を用いて求める．

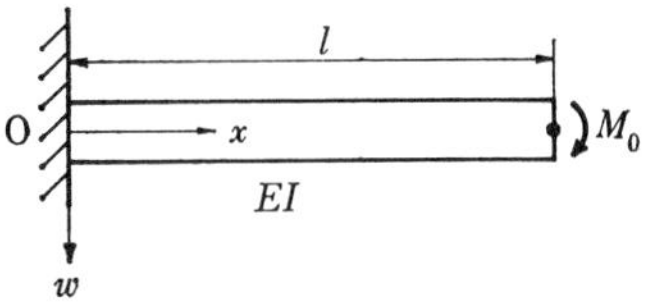

変位を次のように仮定する．

図 8.8

$w = a_1 + a_2 x + a_3 x^2 + a_4 x^3$

境界条件：$w|_{x=0} = 0$ より $a_1 = 0$，$w'|_{x=0} = 0$ より $a_2 = 0$

したがって，

$$w = a_3 x^2 + a_4 x^3, \quad w' = 2a_3 x + 3a_4 x^2, \quad w'' = 2a_3 + 6a_4 x$$

はりの曲げにおけるひずみエネルギは

$$\int_0^l (M^2/2EI)dx \text{ または } \frac{1}{2}EI\int_0^l (w'')^2 dx$$

と表わせるから，

$$\Pi = \frac{1}{2}EI\int_0^l (w'')^2 dx - M_0\theta_0$$

ここで，$\theta_0 = w'|_{x=l}$ であるから

$$\Pi = \frac{1}{2}EI\int_0^l (w'')^2 dx - M_0(w')_{x=l}$$

$$= \frac{1}{2}EI\int_0^l (2a_3 + 6a_4 x)^2 dx - M_0(2a_3 l + 3a_4 l^2)$$

$$= \frac{1}{2}EI(4a_3{}^2 l + 12a_3 a_4 l^2 + 12a_4{}^2 l^3) - M_0(2a_3 l + 3a_4 l^2)$$

正解の条件は $\delta\Pi = 0$ となることであるから，

$$\frac{\partial \Pi}{\partial a_3}=0, \qquad \frac{\partial \Pi}{\partial a_4}=0$$

より

$$\left.\begin{array}{l}\dfrac{1}{2}EI(8la_3+12l^2a_4)-2M_0l=0 \\[3mm] \dfrac{1}{2}EI(12l^2a_3+24l^3a_4)-3M_0l^2=0\end{array}\right\}$$

これを解いて

$$a_3=\frac{M_0}{2EI}, \qquad a_4=0$$

ゆえに

$$w=\frac{M_0}{2EI}x^2$$

以上のように，変位を仮定し，最小ポテンシャルエネルギの原理によって

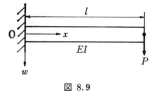

図 8.9

未定係数を定める方法を **Rayleigh-Ritz の方法**という．

〖問題 8.4.2〗

　図 8.9 の片持ばりの変位を Rayleigh-Ritz の方法で解け．

8.5 カスチリアーノの定理 (Castigliano's theorem)

　図 8.10 の問題におけるひずみエネルギ U, 荷重 P および荷重点変位 λ とそれらの増分の相互関係について考えてみる．

　線形弾性体では，P と λ の関係は一般に図 8.11 のようになる．図中の △OBC の部分 U_c を**補足ひずみエネルギ** (complementary strain energy) という．すなわち，図 8.10 の問題では次の関係がある．

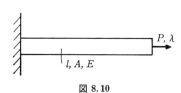

図 8.10

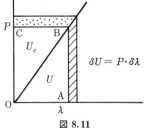

図 8.11

$$U+U_c=P\lambda \tag{8.32}$$

また，図 8.11 より

$$\delta U=P\cdot\delta\lambda, \quad または \quad P=\frac{\partial U}{\partial\lambda} \tag{8.33}$$

$$\delta U_c=\lambda\cdot\delta P, \quad または \quad \lambda=\frac{\partial U_c}{\partial P} \tag{8.34}$$

一方，図 8.10 の問題では，材料力学によって次の関係がある．

$$\lambda=\frac{Pl}{EA} \tag{8.35}$$

$$U=U_c=\frac{1}{2}P\lambda=\frac{P^2l}{2EA}=\frac{EA\lambda^2}{2l} \tag{8.36}$$

図 8.10 の問題の引張荷重 P を曲げモーメント M に，変位（伸び）λ を角変位（回転角）θ に変えても，まったく同じ議論が成り立つ．

式 (8.36) が成り立つ問題では $\partial U/\partial P$ によっても λ を求めることができるが，本来は式 (8.34) に従って λ を求めるべきである．図 8.12(a)，(b) は $U\neq U_c$ となる P と λ の関係を示しているが，このような問題

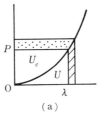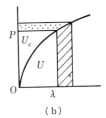

図 8.12

で λ を $\partial U/\partial P$ で求めると誤った結果が得られる．

〚問題 8.5.1〛
図 8.13 は 2 本の丸棒（長さ l，断面積 A，ヤング率 E）をピンで水平に連結したものである．この問題の U および U_c を計算し，$U\neq U_c$ であることを示せ．また，P と λ の関係は図 8.12 の (a) と (b) のどちらになるか．

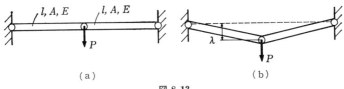

図 8.13

上述の関係を一般化するために，平衡を保っている弾性体の平衡条件をく

ずさないで，連続でしかも微小な応力（外力）の変化*を与えてみる．すなわち，このことは次式が成立することを意味する．

$$\left.\begin{array}{r}\dfrac{\partial(\sigma_x+\delta\sigma_x)}{\partial x}+\dfrac{\partial(\tau_{xy}+\delta\tau_{xy})}{\partial y}+\dfrac{\partial(\tau_{zx}+\delta\tau_{zx})}{\partial z}+X+\delta X=0 \\ \cdots\cdots\cdots\cdots\cdots\cdots\cdots\cdots\cdots\cdots+Y+\delta Y=0 \\ \cdots\cdots\cdots\cdots\cdots\cdots\cdots\cdots\cdots +Z+\delta Z=0\end{array}\right\} \quad (8.37)$$

このとき，補足ひずみエネルギ変化と外力との間に以下に示すように一つの関係が導かれるが，この関係を**カスチリアーノの定理**という．

$$\delta U_c=\int_V\left(\frac{\partial U_c}{\partial \sigma_x}\delta\sigma_x+\frac{\partial U_c}{\partial \sigma_y}\delta\sigma_y+\frac{\partial U_c}{\partial \sigma_z}\delta\sigma_z+\frac{\partial U_c}{\partial \tau_{xy}}\delta\tau_{xy}+\frac{\partial U_c}{\partial \tau_{yz}}\delta\tau_{yz}+\frac{\partial U_c}{\partial \tau_{zx}}\delta\tau_{zx}\right)dV$$

$$(8.38)$$

$(\partial U_c)/(\partial \sigma_x)=\varepsilon_x$, $(\partial U_c)/(\partial \sigma_y)=\varepsilon_y$, $\cdots$ であるから

$$\delta U_c=\int_V(\varepsilon_x\delta\sigma_x+\varepsilon_y\delta\sigma_y+\varepsilon_z\delta\sigma_z+\gamma_{xy}\delta\tau_{xy}+\gamma_{yz}\delta\tau_{yz}+\gamma_{zx}\delta\tau_{zx})dV$$

$$(8.39)$$

したがって，

$$\begin{aligned}\delta U_c=&\int_V\Bigl[\Bigl(\frac{\partial u}{\partial x}\delta\sigma_x+\frac{\partial v}{\partial y}\delta\sigma_y+\frac{\partial w}{\partial z}\delta\sigma_z\Bigr)+\Bigl(\frac{\partial u}{\partial y}+\frac{\partial v}{\partial x}\Bigr)\delta\tau_{xy}\\ &+\Bigl(\frac{\partial v}{\partial z}+\frac{\partial w}{\partial y}\Bigr)\delta\tau_{yz}+\Bigl(\frac{\partial w}{\partial x}+\frac{\partial u}{\partial z}\Bigr)\delta\tau_{zx}\Bigr]dV\\ =&\int_V\Bigl[\Bigl\{\frac{\partial(u\delta\sigma_x)}{\partial x}-u\frac{\partial(\delta\sigma_x)}{\partial x}\Bigr\}+\Bigl\{\frac{\partial(v\delta\sigma_y)}{\partial y}-v\frac{\partial(\delta\sigma_y)}{\partial y}\Bigr\}\\ &+\Bigl\{\frac{\partial(w\delta\sigma_z)}{\partial z}-w\frac{\partial(\delta\sigma_z)}{\partial z}\Bigr\}+\Bigl\{\frac{\partial(u\delta\tau_{xy})}{\partial y}-u\frac{\partial(\delta\tau_{xy})}{\partial y}\Bigr\}\\ &+\Bigl\{\frac{\partial(v\delta\tau_{xy})}{\partial x}-v\frac{\partial(\delta\tau_{xy})}{\partial x}\Bigr\}+\Bigl\{\frac{\partial(v\delta\tau_{yz})}{\partial z}-v\frac{\partial(\delta\tau_{yz})}{\partial z}\Bigr\}\\ &+\Bigl\{\frac{\partial(w\delta\tau_{yz})}{\partial y}-w\frac{\partial(\delta\tau_{yz})}{\partial y}\Bigr\}+\Bigl\{\frac{\partial(w\delta\tau_{zx})}{\partial x}-w\frac{\partial(\delta\tau_{zx})}{\partial x}\Bigr\}\\ &+\Bigl\{\frac{\partial(u\delta\tau_{zx})}{\partial z}-u\frac{\partial(\delta\tau_{zx})}{\partial z}\Bigr\}\Bigr]dV\end{aligned}$$

$$(8.40)$$

式 (8.37) を考慮すると，

$$\delta U_c=\int_V\Bigl[\Bigl\{\frac{\partial(u\delta\sigma_x)}{\partial x}+\frac{\partial(u\delta\tau_{xy})}{\partial y}+\frac{\partial(u\delta\tau_{zx})}{\partial z}\Bigr\}+\Bigl\{\frac{\partial(v\delta\tau_{xy})}{\partial x}+\frac{\partial(v\delta\sigma_y)}{\partial y}+\frac{\partial(v\delta\tau_{yz})}{\partial z}\Bigr\}$$

---

* これまでの議論（たとえば最小ポテンシャルエネルギの原理）では境界条件は不変であった．

$$+\left\{\frac{\partial(w\delta\tau_{zx})}{\partial x}+\frac{\partial(w\delta\tau_{yz})}{\partial y}+\frac{\partial(w\delta\sigma_z)}{\partial z}\right\}+(u\delta X+v\delta Y+w\delta Z)\bigg]dV$$

$$=\int_S[(lu\delta\sigma_x+mu\delta\tau_{xy}+nu\delta\tau_{zx})+(lv\delta\tau_{xy}+mv\delta\sigma_y+nv\delta\tau_{yz})$$

$$+(lw\delta\tau_{zx}+mw\delta\tau_{yz}+nw\delta\sigma_z)]dS+\int_V(u\delta X+v\delta Y+w\delta Z)dV \quad (8.41)$$

$$=\int_S(u\delta p_x+v\delta p_y+w\delta p_z)dS+\int_V(u\delta X+v\delta Y+w\delta Z)dV \quad (8.42)$$

$$=\int_{S_\sigma}(u\delta p_{x0}+v\delta p_{y0}+w\delta p_{z0})dS+\int_{S_u}(u_0\delta p_x+v_0\delta p_y+w_0\delta p_z)dS$$

$$+\int_V(u\delta X+v\delta Y+w\delta Z)dV \quad (8.43)$$

ここで，$\delta X=\delta Y=\delta Z=0$，$u_0=v_0=w_0=0$（変位境界条件が固定条件）で，$p_{x0}dS_\sigma=P_x$，$p_{y0}dS_\sigma=P_y$，$p_{z0}dS_\sigma=P_z$（外力が集中荷重）の場合には，

$$\delta U_c=\sum_{i=1}^n(u\delta P_x+v\delta P_y+w\delta P_z)_i \quad (8.44)$$

これから次の関係が得られる．

$$u_i=\frac{\partial U_c}{\partial P_{xi}},\qquad v_i=\frac{\partial U_c}{\partial P_{yi}},\qquad w_i=\frac{\partial U_c}{\partial P_{zi}} \quad (8.45)$$

したがって，x, y, z 方向に限らず，一般に集中力 P_i 方向の変位 λ_i は次式によって与えられる．

$$\lambda_i=\frac{\partial U_c}{\partial P_i} \quad (8.46)$$

これに対して，ある特定の変位を指定しそれに対応して発生する外力または反力は，逆に U に注目して上述とまったく同様な手順を用いれば，次の関係によって得られることを示すことができる．

$$P_i=\frac{\partial U}{\partial \lambda_i} \quad (8.47)$$

8.6 相反定理 (reciprocal theorem)

　図 8.14(a) の点 A の変位 δ_A と図 (b) の点 B の変位 δ_B を比較すると $\delta_A=\delta_B$ である．また，図 (c) の点 B の変位 δ_B と図 (d) の点 A の傾き θ_A を比較すると $\delta_B/M=\theta_A/P$ である．これらの関係は，偶然得られたものではなく必然的にこのような関係が成立する．このような関係を相反定理といい，

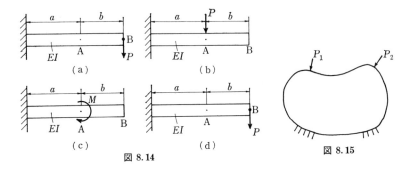

図 8.14   図 8.15

ある問題を別の問題に置き換えて解いたり，解の検討を行なう場合に役立つ.

図 8.15 のように，静的平衡状態にある線形弾性体について影響係数を次のように定義する.

a_{ij}：点 j に P_j 方向に単位荷重をかけたとき，点 i に生ずる P_i 方向の変位. ここで，荷重とは一般的な荷重のことでモーメントも含む. また，変位は一般的な変位のことで角変位も含む.

図 8.15 において，荷重 P_1 と P_2 をかける順序を変える場合を考えることによって影響係数の性質を明らかにすることができる.

（i）P_1 を先に作用させ，次に P_2 を作用させた場合のひずみエネルギを U_1 とすると，

$$U_1=\frac{1}{2}P_1P_1a_{11}+\frac{1}{2}P_2P_2a_{22}+P_1P_2a_{12} \qquad (8.48)$$

ここで，右辺の第3項に 1/2 がかからないのは，P_2 の作用時にすでに P_1 が作用しているからである.

（ii）P_2 を先に作用させ，次に P_1 を作用させた場合のひずみエネルギを U_2 とすると，

$$U_2=\frac{1}{2}P_2P_2a_{22}+\frac{1}{2}P_1P_1a_{11}+P_2P_1a_{21} \qquad (8.49)$$

（i）と（ii）の最終状態は同じであるから $U_1=U_2$ である. したがって，

$$a_{12}=a_{21} \qquad (8.50)$$

P_i の数を増やしても同様に証明ができる. すなわち，一般に

$$a_{ij}=a_{ji} \qquad (8.51)$$

という関係がある (Maxwell, 1831〜1879). 図 8.14 について成立する関係

は式 (8.51) の特殊な場合である.

荷重の組が複数個の場合の証明 (Betti, 1872) も同様になされる. すなわち, まず荷重の組 $P_k(k=1～K)$ を作用させ*, その後 $Q_j(j=1～J)$ を作用させるとき, Q_j の組による変位に関して P_k の組がなす仕事 U_{12} は, Q_j の組を作用させ, 次に P_k の組を作用させるとき P_k の組による変位に関して Q_j の組がなす仕事 U_{21} に等しい. これは, 次のようにして証明される. まず, 次のように変位を定義する.

δ_{PQk} : P_k の組を作用させた後 Q_j の組を作用させたとき, 点 k に生ずる P_k 方向の変位

δ_{QPj} : Q_j の組を作用させた後 P_k の組を作用させたとき, 点 j に生ずる Q_j 方向の変位

δ_{PPk} : P_k の組を全部作用させたとき, 点 k に生ずる P_k 方向の変位

δ_{QQj} : Q_j の組を全部作用させたとき, 点 j に生ずる Q_j 方向の変位

P_k の組を先に作用させたときのひずみエネルギを U_1, また Q_j を先にしたときのそれを U_2 とすれば, 以下の関係式が得られる.

$$U_1=\frac{1}{2}\sum_{k=1}^{K}P_k\delta_{PPk}+\sum_{k=1}^{K}P_k\delta_{PQk}+\frac{1}{2}\sum_{j=1}^{J}Q_j\delta_{QQj} \qquad (8.52)$$

$$U_2=\frac{1}{2}\sum_{j=1}^{J}Q_j\delta_{QQj}+\sum_{j=1}^{J}Q_j\delta_{QPj}+\frac{1}{2}\sum_{k=1}^{K}P_k\delta_{PPk} \qquad (8.53)$$

上式の関係は, 『問題 8.6.1』を実際に解いてみればより容易に理解できるであろう.

式 (8.52) と式 (8.53) の右辺の第2項をそれぞれ U_{12}, U_{21} で表わすと, $U_1=U_2$ であるから

$$U_{12}=U_{21}, \quad \text{すなわち} \quad \sum_{k=1}^{K}P_k\delta_{PQk}=\sum_{j=1}^{J}Q_j\delta_{QPj} \qquad (8.54)$$

『問題 8.6.1』

図 8.16 において, 二つの荷重 P_1, P_2 を同時に作用させた場合のひずみエネルギを U_1 とし, 前後して負荷した場合のひずみエネルギを U_2 とするとき, 実際の変位を計算し $U_1=U_2$ であることを示せ(相反定理を応用する問題ではなく, 荷重順序と仕

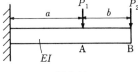

図 8.16

---
* $k=1～K$ まで同時に作用させると考えると考えやすい.

事量を考える問題).

〚問題 8.6.2〛

　図 8.17(a) のように片持ばりの点 A に P, 点 C に Q の荷重を同時にかけたとき, 点 B の変位は δ_B であった. 次に, 図 (b) のように点 B だけに荷重 R をかけたとき点 C の変位を測定したところ δ_C であった. このとき(図 (b) の状態)点 A の変位 δ_A を求めよ.

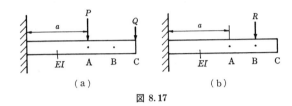

(a)　　　　　　　　　　　(b)

図 8.17

第8章の問題

1. 　長さ $2l$ のはりが両端で単純支持され中央に集中荷重 P が作用するときのはりの変位を $w = \delta_0 \cos(\pi x/2l)$ で近似するとき, 荷重点の変位 δ_0 を Rayleigh-Ritz の方法で求めよ. また, その値と材料力学のはりの理論で求めた値との差をパーセントで示せ. ただし, x は荷重点からの距離で, はりの曲げ剛性を EI とする.

2. 　線形弾性体に荷重 $P_1, P_2, \cdots, P_i, \cdots, P_n$ を順次負荷したときの最終状態のひずみエネルギを U_1 とし, 逆に $P_n, P_{n-1}, \cdots, P_i, \cdots, P_2, P_1$ の順に負荷したときの最終状態のひずみエネルギを U_2 とする. また, 個々の荷重によってもたらされる変位はすべて荷重の一次に比例するものとする. $U_1 = U_2$ であることを利用し, 影響係数が $a_{ij} = a_{ji}$ の関係 (式(8.51)) を満たすことを証明せよ. また, P_i の作用点 i の P_i 方向の変位 δ_i は次式で与えられることを証明せよ.

$$\delta_i = \frac{\partial U}{\partial P_i}, \qquad (U = U_1 = U_2)$$

第9章　有限要素法 (finite element method, FEM)

　これまで述べてきたように，弾性力学の問題は平衡方程式と適合条件式を与えられた境界条件を満たすように解けばよいのであるが，単純な問題を別にして，一般の問題を閉じた形で求めることはほとんど不可能である．

　最近さかんに利用されるようになった**有限要素法**は，電子計算機を利用して近似解を求める一つの手法であるが，いったん計算プログラムが完成すると，問題の違いは単にインプットデータの違いとして処理され，多くの実用上の問題の近似解が確実に得られるところに他の方法にない強みがある*．

　完成された FEM プログラムを単に利用するだけであれば材料力学や弾性力学の初歩的な知識があればよいが，より有効に利用し，精度の検討を確実にし，より良い結果を得ようとする場合や，さらに進んでこれまで解かれていない種類の問題にまで応用を広げようとする場合には，FEM の原理を十分把握しておく必要がある．

　以下では，まず簡単な例を考えながら二次元問題の解法まで説明する．

9.1　一次元問題の有限要素法

　[例 1]　二つのばね A，B をつないで，力または変位を加える場合（図9.1）．

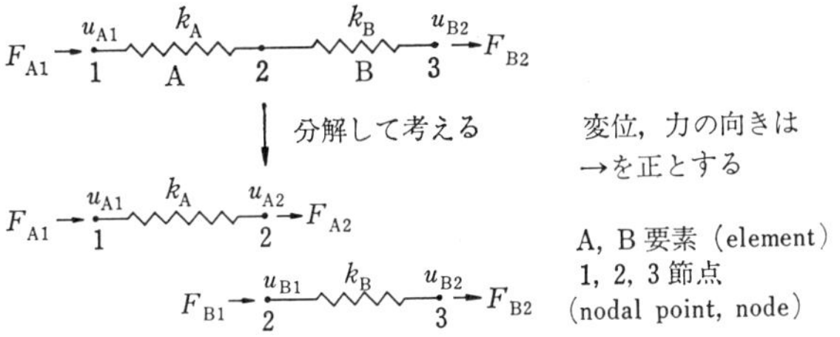

変位，力の向きは
→を正とする

A，B 要素 (element)
1, 2, 3 節点
(nodal point, node)

図 9.1

基本となる式（フックの法則）

---

* たとえば，O.C. Zienkiewicz : The Finite Element Method in Engineering Science, McGraw-Hill (1971).

$$F = ku, \quad (F：外力,\ k：ばね定数,\ u：伸び)$$

　この状態をフックの法則を用いて表わすと次のようになる.

要素 A について,

$$F_{A1} = k_A(u_{A1} - u_{A2}), \qquad F_{A2} = k_A(u_{A2} - u_{A1}) \tag{9.1}$$

これをマトリックスで表現すると

$$\begin{bmatrix} k_A & -k_A \\ -k_A & k_A \end{bmatrix} \begin{Bmatrix} u_{A1} \\ u_{A2} \end{Bmatrix} = \begin{Bmatrix} F_{A1} \\ F_{A2} \end{Bmatrix} \tag{9.2}$$

　式 (9.2) は, さらに一般的には次のように書かれる.

$$\begin{bmatrix} k_{11}^A & k_{12}^A \\ k_{21}^A & k_{22}^A \end{bmatrix} \begin{Bmatrix} u_{A1} \\ u_{A2} \end{Bmatrix} = \begin{Bmatrix} F_{A1} \\ F_{A2} \end{Bmatrix} \tag{9.3}$$

なぜならば, あとで取り扱う二次元問題では, k_{11}^A と k_{12}^A の符号が異なるだけでなく, 絶対値も異なり, 一般に $k_{ij} = k_{ji}$ となる以外はすべての k の値は異なったものとなるからである.

　ここで k_{ij} の意味を考えてみる.

　k_{11}^A は, 節点2を固定し節点1に $u_{A1} = 1$ なる変位を与えるとき, 節点1に加えるべき外力の大きさを意味している (図 9.2).

　また k_{12}^A は, 節点1を固定し節点2に $u_{A2} = 1$ なる単位の変位を与えるとき, 節点1に生ずる反力を意味している (図 9.3).

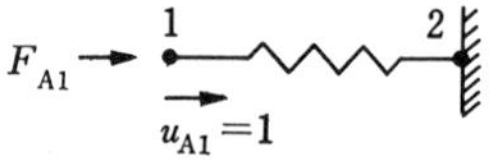

図 9.2 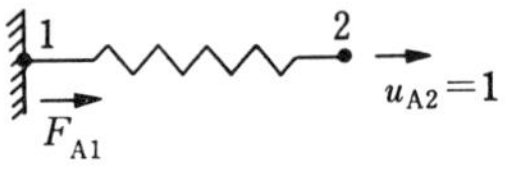　　　　　　　　　図 9.3

　k_{21}^A, k_{22}^A なども同様な意味をもっている.

　なお, いまの場合次の関係がある.

$$k_{11}^A = k_A, \qquad k_{12}^A = -k_A, \qquad k_{21}^A = -k_A, \qquad k_{22}^A = k_A$$

式 (9.3) は, 簡単に次のように書く場合もある.

$$[k^A]\{u_A\} = \{f_A\} \tag{9.4}$$

要素 B についても, 同様に次のように表現できる.

$$\begin{bmatrix} k_{11}^B & k_{12}^B \\ k_{21}^B & k_{22}^B \end{bmatrix} \begin{Bmatrix} u_{B1} \\ u_{B2} \end{Bmatrix} = \begin{Bmatrix} F_{B1} \\ F_{B2} \end{Bmatrix} \tag{9.5}$$

$$[k^{\mathrm{B}}]\{u_{\mathrm{B}}\}=\{f_{\mathrm{B}}\} \tag{9.6}$$

$$k_{11}^{\mathrm{B}}=k_{\mathrm{B}}, \qquad k_{12}^{\mathrm{B}}=-k_{\mathrm{B}}, \qquad k_{21}^{\mathrm{B}}=-k_{\mathrm{B}}, \qquad k_{22}^{\mathrm{B}}=k_{\mathrm{B}}$$

図9.1の上の図のように二つのばねを連結した状態では，$u_{\mathrm{A}2}=u_{\mathrm{B}1}$ であることを考慮すると，式 (9.3)，(9.5) を一つのマトリックスに組み込み，次のように表わすことができる．

$$\begin{bmatrix} k_{11}^{\mathrm{A}} & k_{12}^{\mathrm{A}} & 0 \\ k_{21}^{\mathrm{A}} & k_{22}^{\mathrm{A}}+k_{11}^{\mathrm{B}} & k_{12}^{\mathrm{B}} \\ 0 & k_{21}^{\mathrm{B}} & k_{22}^{\mathrm{B}} \end{bmatrix} \begin{Bmatrix} u_1 \\ u_2 \\ u_3 \end{Bmatrix} = \begin{Bmatrix} F_{\mathrm{A}1} \\ F_{\mathrm{A}2}+F_{\mathrm{B}1} \\ F_{\mathrm{B}2} \end{Bmatrix} \tag{9.7}$$

ここで

$$u_1=u_{\mathrm{A}1}, \qquad u_2=u_{\mathrm{A}2}=u_{\mathrm{B}1}, \qquad u_3=u_{\mathrm{B}2}$$

さて，図9.1の問題を次の境界条件のもとで解いてみる．

境界条件
(図 9.4)
$\begin{cases} u_1=0 \\ F_{\mathrm{B}2}=F_0 \\ F_{\mathrm{A}2}+F_{\mathrm{B}1}=0 \quad \text{(節点2に外力が働いていない条件)} \end{cases}$

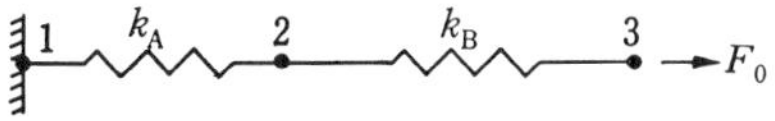

図 9.4

$k_{11}^{\mathrm{A}}=k_{\mathrm{A}}$, $k_{12}^{\mathrm{A}}=-k_{\mathrm{A}}$, $\cdots$ と置き換えると，式 (9.7) は

$$\begin{bmatrix} k_{\mathrm{A}} & -k_{\mathrm{A}} & 0 \\ -k_{\mathrm{A}} & (k_{\mathrm{A}}+k_{\mathrm{B}}) & -k_{\mathrm{B}} \\ 0 & -k_{\mathrm{B}} & k_{\mathrm{B}} \end{bmatrix} \begin{Bmatrix} 0 \\ u_2 \\ u_3 \end{Bmatrix} = \begin{Bmatrix} F_{\mathrm{A}1} \\ 0 \\ F_0 \end{Bmatrix} \tag{9.8}$$

式 (9.8) で未知数は u_2, u_3, $F_{\mathrm{A}1}$ である．すなわち，変位が与えられている節点では反力が未知数で，外力が与えられている節点では変位が未知数である．

式 (9.8) を展開すると，次のような連立一次方程式となる．

$$\left. \begin{array}{l} -k_{\mathrm{A}}u_2=F_{\mathrm{A}1} \\ (k_{\mathrm{A}}+k_{\mathrm{B}})u_2-k_{\mathrm{B}}u_3=0 \\ -k_{\mathrm{B}}u_2+k_{\mathrm{B}}u_3=F_0 \end{array} \right\} \tag{9.9}$$

u_2, u_3 を求めるためには，式 (9.9) の第2，3式を連立させて解く．第1式は固定点1に関係した式であり，変位を求める式としては役立たず，変位が

わかった後で反力 F_{A1} を求める式として使われる．解いた結果は次のようになる．

$$u_2=\frac{F_0}{k_A}, \qquad u_3=\frac{F_0}{k_A}+\frac{F_0}{k_B}, \qquad F_{A1}=-F_0 \quad (\text{符号に注意}) \quad (9.10)$$

以上が，二つのばねを結合して外力を加えた場合を FEM 的に表現し，解析した例である．この例に従えば，ばねの数，種類がいくつあってもまったく同様に解析できる．すなわち，式 (9.7) に相当する**全体の剛性マトリックス**は一つのばね（**要素**，element）の**剛性マトリックス** (stiffness matrix) を順次組み込むことにより容易に得られる．解は，式 (9.8)（または式 (9.9)）と同様な連立一次方程式を解いて得られる．

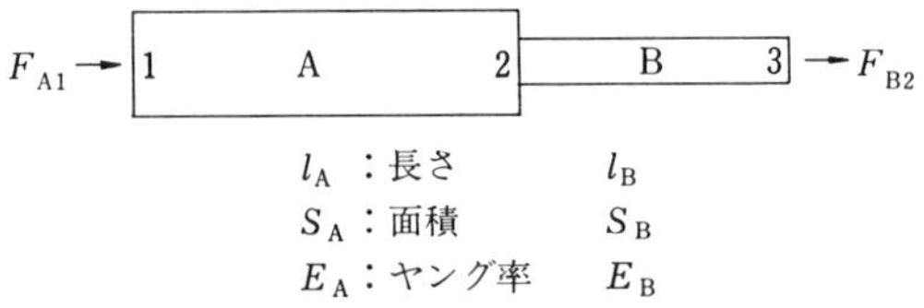

l_A：長さ　　　l_B
S_A：面積　　　S_B
E_A：ヤング率　E_B

図 9.5

[例 2]　棒の引張り（図 9.5）

要素 A について [例 1] の式 (9.1) と同様な表現ができる．

k の意味はまったく同じである．

$$\begin{bmatrix} k_{11}^A & k_{12}^A \\ k_{21}^A & k_{22}^A \end{bmatrix}\begin{Bmatrix} u_{A1} \\ u_{A2} \end{Bmatrix}=\begin{Bmatrix} F_{A1} \\ F_{A2} \end{Bmatrix} \quad (9.11)$$

ここで

$$k_{11}^A=\frac{S_A E_A}{l_A}, \qquad k_{12}^A=-\frac{S_A E_A}{l_A}, \qquad k_{21}^A=-\frac{S_A E_A}{l_A}, \qquad k_{22}^A=\frac{S_A E_A}{l_A}$$
$$(9.12)$$

（材料力学でのフックの法則：$\lambda=Pl/ES$，$P=k\lambda$）

要素 B については

$$\begin{bmatrix} k_{11}^B & k_{12}^B \\ k_{21}^B & k_{22}^B \end{bmatrix}\begin{Bmatrix} u_{B1} \\ u_{B2} \end{Bmatrix}=\begin{Bmatrix} F_{B1} \\ F_{B2} \end{Bmatrix} \quad (9.13)$$

ここで

$$k_{11}^B=\frac{S_B E_B}{l_B}, \qquad k_{12}^B=-\frac{S_B E_B}{l_B}, \qquad k_{21}^B=-\frac{S_B E_B}{l_B}, \qquad k_{22}^B=\frac{S_B E_B}{l_B}$$
$$(9.14)$$

式 (9.11) と式 (9.13) を一つのマトリックスに組み込むと，[例 1] と同

様に

$$\begin{bmatrix} k_{11}^{\mathrm{A}} & k_{12}^{\mathrm{A}} & 0 \\ k_{21}^{\mathrm{A}} & (k_{22}^{\mathrm{A}}+k_{11}^{\mathrm{B}}) & k_{12}^{\mathrm{B}} \\ 0 & k_{21}^{\mathrm{B}} & k_{22}^{\mathrm{B}} \end{bmatrix} \begin{Bmatrix} u_1 \\ u_2 \\ u_3 \end{Bmatrix} = \begin{Bmatrix} F_{\mathrm{A}1} \\ F_{\mathrm{A}2}+F_{\mathrm{B}1} \\ F_{\mathrm{B}2} \end{Bmatrix} \tag{9.15}$$

ここで $u_1=u_{\mathrm{A}1},\ u_2=u_{\mathrm{A}2}=u_{\mathrm{B}1},\ u_3=u_{\mathrm{B}2}$ である.

図 9.5 の状態をさらに具体的に書くと

$$\begin{Bmatrix} \dfrac{S_{\mathrm{A}}E_{\mathrm{A}}}{l_{\mathrm{A}}} & -\dfrac{S_{\mathrm{A}}E_{\mathrm{A}}}{l_{\mathrm{A}}} & 0 \\ -\dfrac{S_{\mathrm{A}}E_{\mathrm{A}}}{l_{\mathrm{A}}} & \left(\dfrac{S_{\mathrm{A}}E_{\mathrm{A}}}{l_{\mathrm{A}}}+\dfrac{S_{\mathrm{B}}E_{\mathrm{B}}}{l_{\mathrm{B}}}\right) & -\dfrac{S_{\mathrm{B}}E_{\mathrm{B}}}{l_{\mathrm{B}}} \\ 0 & -\dfrac{S_{\mathrm{B}}E_{\mathrm{B}}}{l_{\mathrm{B}}} & \dfrac{S_{\mathrm{B}}E_{\mathrm{B}}}{l_{\mathrm{B}}} \end{Bmatrix} \begin{Bmatrix} u_1 \\ u_2 \\ u_3 \end{Bmatrix} = \begin{Bmatrix} F_{\mathrm{A}1} \\ F_{\mathrm{A}2}+F_{\mathrm{B}1} \\ F_{\mathrm{B}2} \end{Bmatrix} \tag{9.16}$$

式 (9.16) は,変位または外力の境界条件を与えれば容易に解くことができる.

〖問題 9.1.1〗

棒が三つになった場合には,式 (9.16) に相当するものはどのようになるか考えよ.

9.2 有限要素法による平面応力場の解析

以上の例は一次元の問題を FEM 的に取り扱ったものである.FEM の威力は一次元の問題よりむしろ二次元あるいは三次元問題などにおいて発揮される.すでに学んだように,一様な引張りを受ける無限板に円孔があるような簡単な問題は応力関数を用いて解くことができるが,実際問題でたびたび経験する形状や境界条件が複雑な問題を応力関数を用いて解析することはほとんど不可能である.しかし,FEM を用いれば,そのような問題も近似的に解くことができる.しかも,個々の問題についてそのつど計算プログラムを組む必要はなく,いったんプログラムが完成すれば,形状,境界条件の違いはインプットデータの違いとして処理することができる.

最近では,FEM の有用性が認められ,多くの企業や大学で種々のプログラムを所有し,設計や研究に役立てている.

現在では,FEM の基礎理論の大筋は確立されているが,ここでは,先の例題の解法に沿って二次元平面応力問題の取扱い方を説明する.

9.2.1　三角形平板要素の集合による近似

図 9.6(a) に示す実際の構造を図 (b) のように三角形板の集合で近似することを考える．個々の三角形板を図 (c) に示すように**三角形平板要素**という．各要素は，三角形の頂点（以下**節点**という）で連結されているものとする．

図 9.6(a) の実際の板内部では，応力，ひずみは複雑に変化しているのがふつうであるが，モデル化された図 (b) においては，各要素内の応力とひずみは比較的簡単な状態となるとして近似解を求めることを考える．

ここでは，一次元の問題と同じ考え方で解法を組み立てるので，三角形平板要素は一種のばねと考える．しかし，図 9.7 に示すように 1 個の要素には 3 個の節点があり，それぞれ二つの自由度をもつので合計 6 自由度となる．このように考えると，一つの三角形要素について［例 1］，［例 2］と同様な表現ができるはずである．それは，次のように表現できる．

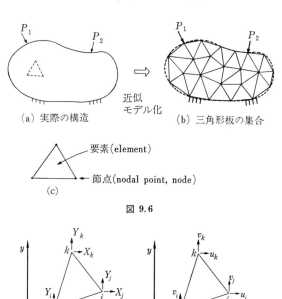

P_1
P_2
近似
モデル化

(a) 実際の構造　(b) 三角形板の集合

要素(element)
節点(nodal point, node)

(c)

図 9.6

y
x
O
Y_k
X_k
Y_j
X_j
Y_i
X_i
v_k
u_k
v_j
u_j
v_i
u_i

i, j, k : 節点番号　$(X_i, Y_i)\cdots$: 節点力

i, j, k : 節点番号　$(u_i, v_i)\cdots$: 節点変位

図 9.7

$$[k]\{u\}=\{f\} \tag{9.17}$$

$$[k]=\begin{pmatrix} k_{11} & k_{12} & k_{13} & k_{14} & k_{15} & k_{16} \\ k_{21} & k_{22} & k_{23} & k_{24} & k_{25} & k_{26} \\ k_{31} & k_{32} & k_{33} & k_{34} & k_{35} & k_{36} \\ k_{41} & k_{42} & k_{43} & k_{44} & k_{45} & k_{46} \\ k_{51} & k_{52} & k_{53} & k_{54} & k_{55} & k_{56} \\ k_{61} & k_{62} & k_{63} & k_{64} & k_{65} & k_{66} \end{pmatrix} \tag{9.18}$$

$$(6\times6)$$

$$\{u\}=\begin{Bmatrix} u_i \\ v_i \\ u_j \\ v_j \\ u_k \\ v_k \end{Bmatrix}, \quad \{f\}=\begin{Bmatrix} X_i \\ Y_i \\ X_j \\ Y_j \\ X_k \\ Y_k \end{Bmatrix} \tag{9.19}$$

$$(6\times1) \qquad (6\times1)$$

ここで，剛性マトリックスの要素，たとえば k_{23} の意味は次のようになる．

k_{23}：$u_j=1$，他の節点の変位固定 $(u_i=v_i=v_j=u_k=v_k=0)$ のとき点 i が受ける y 方向の反力

また，$k_{lm}=k_{ml}$ という関係がある（第9章の問題1を参照のこと）．

二次元平面問題を解くためには，$k_{lm}(l=1\sim6,\ m=1\sim6)$ を定めることが問題となる．k_{lm} が決まれば，個々の要素の剛性マトリックスをすべて組み込むことにより［例 1, 2］とまったく同様に解析ができる．

k_{lm} の大きさに関係する因子は次のような量である．

○材料の種類 $(E,\ \nu)$

○三角形の大きさ，形すなわち頂点の座標 (x_i, y_i), (x_j, y_j), (x_k, y_k).

○板厚 t

問題を最初から厳密に解くことを考えると，要素内の応力，ひずみが場所によって変化することを考慮しなければならない．そのようにすると k_{lm} を求めることは極めて困難*になるので，一般に行なわれているやり方では，要素内の応力またはひずみの変化の仕方に仮定を置くことが多い．たとえば，

---

* k_{lm} が厳密に求まったとしても，適合条件などを考えると必ずしもその値を使うことがよいとはいえない．

個々の要素の応力，ひずみは当然異なるけれども，一つの要素に注目したとき，要素内でひずみは一定であるとみなす．要素を十分微細に分割すれば，この仮定で計算を進めても実用的に十分な精度をもつことが予想される．

まず，k_{lm} を仮想仕事の原理によって求めるための準備として，応力とひずみの関係から述べていく．

9.2.2　平面応力場における応力とひずみの関係

平面応力場における応力とひずみの関係は次式で表わされる．

$$\left.\begin{array}{l} \sigma_x=\dfrac{E}{1-\nu^2}(\varepsilon_x+\nu\varepsilon_y), \qquad \sigma_y=\dfrac{E}{1-\nu^2}(\varepsilon_y+\nu\varepsilon_x), \qquad \sigma_z=0 \\[2mm] \tau_{xy}=G\gamma_{xy}=\dfrac{E}{2(1+\nu)}\gamma_{xy}, \qquad \tau_{yz}=0, \ \tau_{zx}=0 \end{array}\right\} \quad (9.20)$$

式 (9.20) をマトリックス表示すると

$$\{\sigma\}=[D]\{\varepsilon\} \tag{9.21}$$

ただし

$$\{\sigma\}=\begin{Bmatrix}\sigma_x\\\sigma_y\\\tau_{xy}\end{Bmatrix}, \qquad \{\varepsilon\}=\begin{Bmatrix}\varepsilon_x\\\varepsilon_y\\\gamma_{xy}\end{Bmatrix}, \qquad [D]=\frac{E}{1-\nu^2}\begin{bmatrix}1 & \nu & 0\\\nu & 1 & 0\\0 & 0 & (1-\nu)/2\end{bmatrix} \tag{9.22}$$

すなわち

$$\begin{Bmatrix}\sigma_x\\\sigma_y\\\tau_{xy}\end{Bmatrix}=\frac{E}{1-\nu^2}\begin{bmatrix}1 & \nu & 0\\\nu & 1 & 0\\0 & 0 & (1-\nu)/2\end{bmatrix}\begin{Bmatrix}\varepsilon_x\\\varepsilon_y\\\gamma_{xy}\end{Bmatrix} \tag{9.23}$$

9.2.3　三角形平板要素の剛性マトリックス

図 9.6(a) の三角形平板要素の集合で表わす以前のもとの問題において，板のある部分に微小な三角形で区切られた領域（破線）を考えてみると，この破線の三角形が十分小さければ，この三角形内での応力はほとんど変化しないとみなすことができる．すなわち，この三角形内では応力はほぼ一定であると仮定し，この三角形に隣接する三角形を順次考えて，それらの三角形内でも応力は一定（個々の三角形を比較すればそれらの値は当然異なる）という仮定を置きながら板全体を三角形で埋めつくす．このような仮定を置くことによって，先に述べた一つの要素の剛性マトリックスが容易に求まると，全体の剛性マトリックスの構成も容易になるので，非常に都合がよいことに

なる.

なお,上のような仮定は最も簡単な仮定であるが,この他に一つの要素内で応力が直線的に変化することを許容するように仮定を置くことも可能であり,精度の向上も期待される.しかし,要素内の応力またはひずみの変化に自由度をもたせればもたせるほど, k の決定が複雑化しその他の計算も複雑になる.ここでは,最も簡単な場合として,一つの要素内で応力,ひずみが一定となるような仮定をもとにして剛性マトリックスを決定していく方法を説明する.ひずみが要素内で一定であるから,変位は次式のような形で表わされることになる.

$$u=\alpha_1+\alpha_2 x+\alpha_3 y, \qquad v=\alpha_4+\alpha_5 x+\alpha_6 y \qquad (9.24)$$

ここで重要なことは,変位を式(9.24)のように仮定すると,変形前の直線は変形後も直線となり適合条件が満たされることである.すなわち,図 9.8, 9.9 のように隣接要素が重なり合ったり,すきまができたりするようなことはない.図 9.8, 9.9 のように適合条件が満たされないような変位の仮定をすると,分割を細かくしても正解に近づくことが保証されない.

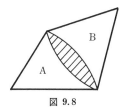
図 9.8

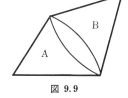
図 9.9

要素の節点での変位は,式 (9.24) の (x, y) に節点の座標を入れて

$$\left.\begin{array}{ll}
u_i=\alpha_1+\alpha_2 x_i+\alpha_3 y_i, & v_i=\alpha_4+\alpha_5 x_i+\alpha_6 y_i \\
u_j=\alpha_1+\alpha_2 x_j+\alpha_3 y_j, & v_j=\alpha_4+\alpha_5 x_j+\alpha_6 y_j \\
u_k=\alpha_1+\alpha_2 x_k+\alpha_3 y_k, & v_k=\alpha_4+\alpha_5 x_k+\alpha_6 y_k
\end{array}\right\} \qquad (9.25)$$

以下では,これを出発点として剛性マトリックスを導く(外力,節点変位,三角形の形の相互関係).

式 (9.25) をマトリックス表示すると

$$\{u\}=[T]\{\alpha\} \qquad (9.26)$$

ただし,

$$\{u\}=\begin{Bmatrix} u_i \\ v_i \\ u_j \\ v_j \\ u_k \\ v_k \end{Bmatrix}, \quad [T]=\begin{pmatrix} 1 & x_i & y_i & 0 & 0 & 0 \\ 0 & 0 & 0 & 1 & x_i & y_i \\ 1 & x_j & y_j & 0 & 0 & 0 \\ 0 & 0 & 0 & 1 & x_j & y_j \\ 1 & x_k & y_k & 0 & 0 & 0 \\ 0 & 0 & 0 & 1 & x_k & y_k \end{pmatrix}, \quad \{\alpha\}=\begin{Bmatrix} \alpha_1 \\ \alpha_2 \\ \alpha_3 \\ \alpha_4 \\ \alpha_5 \\ \alpha_6 \end{Bmatrix}$$

$\{\alpha\}$ を $\{u\}$ で表わすと（$\alpha_1,\ \alpha_2,\ \cdots$ は節点座標と節点変位で表わされる）

$$\{\alpha\}=[T]^{-1}\{u\} \tag{9.27}$$

ここで

$$[T]^{-1}=\frac{1}{2\varDelta}$$

$$\times \begin{pmatrix} x_jy_k-x_ky_j & 0 & x_ky_i-x_iy_k & 0 & x_iy_j-x_jy_i & 0 \\ y_j-y_k & 0 & y_k-y_i & 0 & y_i-y_j & 0 \\ x_k-x_j & 0 & x_i-x_k & 0 & x_j-x_i & 0 \\ 0 & x_jy_k-x_ky_j & 0 & x_ky_i-x_iy_k & 0 & x_iy_j-x_jy_i \\ 0 & y_j-y_k & 0 & y_k-y_i & 0 & y_i-y_j \\ 0 & x_k-x_j & 0 & x_i-x_k & 0 & x_j-x_i \end{pmatrix}$$

$$\tag{9.28}$$

$\varDelta$ は三角形要素の面積で

$$2\varDelta=\det \begin{vmatrix} 1 & x_i & y_i \\ 1 & x_j & y_j \\ 1 & x_k & y_k \end{vmatrix} \tag{9.29}$$

ただし節点番号は反時計回りに $i,\ j,\ k$ とつける.

次に，ひずみ $\varepsilon_x,\ \varepsilon_y,\ \gamma_{xy}$ は $u,\ v$ を用いて次のように表わされる.

$$\varepsilon_x=\frac{\partial u}{\partial x}, \quad \varepsilon_y=\frac{\partial v}{\partial y}, \quad \gamma_{xy}=\frac{\partial u}{\partial y}+\frac{\partial v}{\partial x} \tag{9.30}$$

したがって，式 (9.24)，(9.30) よりひずみは次のような定数となる.

$$\varepsilon_x=\alpha_2, \quad \varepsilon_y=\alpha_6, \quad \gamma_{xy}=\alpha_3+\alpha_5 \tag{9.31}$$

式 (9.31) をマトリックス表示すると

$$\left\{\begin{array}{c} \varepsilon_x \\ \varepsilon_y \\ \gamma_{xy} \end{array}\right\} = \left[\begin{array}{cccccc} 0 & 1 & 0 & 0 & 0 & 0 \\ 0 & 0 & 0 & 0 & 0 & 1 \\ 0 & 0 & 1 & 0 & 1 & 0 \end{array}\right] \left\{\begin{array}{c} \alpha_1 \\ \alpha_2 \\ \alpha_3 \\ \alpha_4 \\ \alpha_5 \\ \alpha_6 \end{array}\right\} \qquad (9.32)$$

$$(3\times6) \qquad\quad (6\times1)$$

すなわち

$$\{\varepsilon\} = [B]\{\alpha\} \qquad (9.33)$$

式 (9.27) と式 (9.33) によって

$$\{\varepsilon\} = [B][T]^{-1}\{u\} = [N]\{u\} \qquad (9.34)$$

ただし

$$[N] = [B][T]^{-1}$$

式 (9.34) の右辺は x, y の項を含んでいないので，ひずみは三角形要素内で一定である．

さて，ここで仮想仕事の原理を用いて剛性マトリックスを求める．釣合い状態にある物体に仮想変位を与えるとき，成立する式 (8.27) の左辺を外部仕事，右辺を内部仕事と呼ぶことにすると，内部仕事 W_{int} は単位体積当り (w_{int}) 次のようになる．

$$w_{\mathrm{int}} = \sigma_x \delta\varepsilon_x + \sigma_y \delta\varepsilon_y + \tau_{xy}\delta\gamma_{xy} = \{\sigma\}^T\{\delta\varepsilon\} \qquad (9.35)$$

上式に式 (9.21) を代入すると

$$w_{\mathrm{int}} = \{\varepsilon\}^T[D]\{\delta\varepsilon\}$$

さらに式 (9.34) を用いると

$$w_{\mathrm{int}} = \{u\}^T[N]^T[D][N]\{\delta u\} \qquad (9.36)$$

1個の三角形要素全体についての内部仕事は

$$W_{\mathrm{int}} = \int_V w_{\mathrm{int}} d\,\mathrm{vol} = \{u\}^T\left[\iiint [N]^T[D][N]\,dx\cdot dy\cdot dz\right]\{\delta u\} \qquad (9.37)$$

一方，外部仕事 W_{ext} は

$$W_{\mathrm{ext}} = \{F\}^T\{\delta u\} \qquad (9.38)$$

ここで，$\{F\}$ は節点力の列ベクトルである．すなわち，

$$\{F\}=\begin{Bmatrix} X_i \\ Y_i \\ X_j \\ Y_j \\ X_k \\ Y_k \end{Bmatrix} \qquad (9.39)$$

内部仕事と外部仕事が等しいことを考慮すると

$$\{F\}^T\{\delta u\}=\{u\}^T\left[\iiint [N]^T[D][N]dx\cdot dy\cdot dz\right]\{\delta u\} \qquad (9.40)$$

この式は，任意の仮想節点変位に対して成り立つことから，

$$\{F\}^T=\{u\}^T\left[\iiint [N]^T[D][N]dx\cdot dy\cdot dz\right]$$

すなわち

$$\{F\}=\left[\iiint [N]^T[D][N]dx\cdot dy\cdot dz\right]\{u\} \qquad (9.41)$$

式 (9.41) の [ ] の中が求めようとしていた剛性マトリックスである（式 (9.17) をみよ）．これを [k] で表わすと

$$[k]=\iiint [N]^T[D][N]dx\cdot dy\cdot dz \qquad (9.42)$$

三角形平板要素の板厚を t_0（一定）とすると

$$[k]=t_0\iint [N]^T[D][N]dx\cdot dy \qquad (9.43)$$

また被積分関数は，x, y の項を含まないので，三角形要素の面積を Δ とすると

$$[k]=t_0\Delta[N]^T[D][N] \qquad (9.44)$$

[k] は，式 (9.18) に示すように 6×6 のマトリックスであるが，これらの成分は，式 (9.28), (9.32) および式 (9.34) から次のようにして求まる．すなわち，

$$[N]=[B][T]^{-1}=\frac{1}{2\Delta}\begin{bmatrix} y_j-y_k & 0 & y_k-y_i & 0 & y_i-y_j & 0 \\ 0 & x_k-x_j & 0 & x_i-x_k & 0 & x_j-x_i \\ x_k-x_j & y_j-y_k & x_i-x_k & y_k-y_i & x_j-x_i & y_i-y_j \end{bmatrix}$$

$$(9.45)$$

表 9.1

$$c = \frac{t_0 E}{4\Delta(1-\nu^2)}$$

$$k_{11} = c\left\{(y_j-y_k)^2 + \frac{1-\nu}{2}(x_k-x_j)^2\right\}$$

$$k_{12} = c\left\{\nu(y_j-y_k)\cdot(x_k-x_j) + \frac{1-\nu}{2}(x_k-x_j)\cdot(y_j-y_k)\right\}$$

$$k_{13} = c\left\{(y_j-y_k)\cdot(y_k-y_i) + \frac{1-\nu}{2}(x_k-x_j)\cdot(x_i-x_k)\right\}$$

$$k_{14} = c\left\{\nu(y_j-y_k)\cdot(x_i-x_k) + \frac{1-\nu}{2}(x_k-x_j)\cdot(y_k-y_i)\right\}$$

$$k_{15} = c\left\{(y_j-y_k)\cdot(y_i-y_j) + \frac{1-\nu}{2}(x_k-x_j)\cdot(x_j-x_i)\right\}$$

$$k_{16} = c\left\{\nu(y_j-y_k)\cdot(x_j-x_i) + \frac{1-\nu}{2}(x_k-x_j)\cdot(y_i-y_j)\right\}$$

$$k_{21} = k_{12}$$

$$k_{22} = c\left\{(x_k-x_j)^2 + \frac{1-\nu}{2}(y_j-y_k)^2\right\}$$

$$k_{23} = c\left\{\nu(x_k-x_j)\cdot(y_k-y_i) + \frac{1-\nu}{2}(y_j-y_k)\cdot(x_i-x_k)\right\}$$

$$k_{24} = c\left\{(x_k-x_j)\cdot(x_i-x_k) + \frac{1-\nu}{2}(y_j-y_k)\cdot(y_k-y_i)\right\}$$

$$k_{25} = c\left\{\nu(x_k-x_j)\cdot(y_i-y_j) + \frac{1-\nu}{2}(y_j-y_k)\cdot(x_j-x_i)\right\}$$

$$k_{26} = c\left\{(x_k-x_j)\cdot(x_j-x_i) + \frac{1-\nu}{2}(y_j-y_k)\cdot(y_i-y_j)\right\}$$

$$k_{31} = k_{13}, \quad k_{32} = k_{23},$$

$$k_{33} = c\left\{(y_k-y_i)^2 + \frac{1-\nu}{2}(x_i-x_k)^2\right\}$$

$$k_{34} = c\left\{\nu(y_k-y_i)\cdot(x_i-x_k) + \frac{1-\nu}{2}(x_i-x_k)\cdot(y_k-y_i)\right\}$$

$$k_{35} = c\left\{(y_k-y_i)\cdot(y_i-y_j) + \frac{1-\nu}{2}(x_i-x_k)\cdot(x_j-x_i)\right\}$$

$$k_{36} = c\left\{\nu(y_k-y_i)\cdot(x_j-x_i) + \frac{1-\nu}{2}(x_i-x_k)\cdot(y_i-y_j)\right\}$$

$$k_{41} = k_{14}, \quad k_{42} = k_{24}, \quad k_{43} = k_{34}$$

$$k_{44} = c\left\{(x_i-x_k)^2 + \frac{1-\nu}{2}(y_k-y_i)^2\right\}$$

$$k_{45} = c\left\{\nu(x_i-x_k)\cdot(y_i-y_j) + \frac{1-\nu}{2}(y_k-y_i)\cdot(x_j-x_i)\right\}$$

$$k_{46} = c\left\{(x_i-x_k)\cdot(x_j-x_i) + \frac{1-\nu}{2}(y_k-y_i)\cdot(y_i-y_j)\right\}$$

$$k_{51} = k_{15}, \quad k_{52} = k_{25}, \quad k_{53} = k_{35}, \quad k_{54} = k_{45}$$

$$k_{55} = c\left\{(y_i-y_j)^2 + \frac{1-\nu}{2}(x_j-x_i)^2\right\}$$

$$k_{56} = c\left\{\nu(y_i-y_j)\cdot(x_j-x_i) + \frac{1-\nu}{2}(x_j-x_i)\cdot(y_i-y_j)\right\}$$

$$k_{61} = k_{16}, \quad k_{62} = k_{26}, \quad k_{63} = k_{36}, \quad k_{64} = k_{46}, \quad k_{65} = k_{56}$$

$$k_{66} = c\left\{(x_j-x_i)^2 + \frac{1-\nu}{2}(y_i-y_j)^2\right\}$$

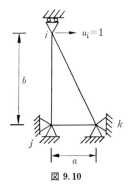

図 9.10

となり, $[D]$ は式 (9.22) で与えられるから, $[k]$ の各成分は表9.1のようになる.

以上のように $[k]$ の各成分が求められたが, これらは, 9.2.1 項で述べた $[k]$ の意味あるいは ばね を例として説明した一次元の k の意味と直観的に結びつくであろうか.

図 9.10 のような三角要素について, k_{11} が直観的に考えるような式になっているかどうか考えてみる.

$$k_{11}=\frac{t_0 E}{4\varDelta(1-\nu^2)}\left\{(y_j-y_k)^2+\frac{1-\nu}{2}(x_k-x_j)^2\right\}$$

ここで

$$\varDelta=\frac{1}{2}(x_k-x_j)\cdot(y_i-y_j), \qquad (y_j-y_k)=0$$

であるから

$$k_{11}=\frac{t_0 E}{4(1+\nu)}\cdot\frac{(x_k-x_j)}{(y_i-y_j)}=\frac{t_0 E}{4(1+\nu)}\cdot\frac{a}{b}$$

となる. この結果は, $u_i=1$ なる変位を生じさせる力 X_i は a が大きいほど大きく, b が大きいほど小さいということを意味しており, 直観とよく合っている. また, t_0 と E が大きいほど X_i も大きいことはもちろんである.

$[k]$ の他の成分についても同様な意味を考えてみるとよい.

9.2.4 構造全体の剛性マトリックス

前項までで三角形平板要素の剛性マトリックス $[k]$ が求められたが, これを用いて平板構造全体の問題を解くために, この項では構造全体の剛性マトリックスを求める. 求め方の手順は, 前に示した二つのばね A, B の組込みの操作と同じ内容をもっている.

図 9.11 は, 平板構造を二つの三角形要素, 四つの節点からなる構造に分割した例である. 図のように, 節点と要素に番号をつける.

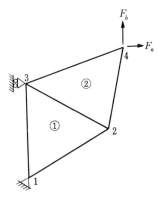

図 9.11

ここで，この平板構造物の境界条件は次のようになる.

$$\left.\begin{array}{l}\text{節点}\quad 1,3\cdots\ x\,\text{方向変位}\quad u=0 \\ \text{節点}\quad 1\quad\cdots\ y\,\text{方向変位}\quad v=0 \\ \text{節点}\quad 4\quad\cdots\begin{cases}x\,\text{方向外力}\quad F_a \\ y\,\text{方向外力}\quad F_b\end{cases}\end{array}\right\} \tag{9.46}$$

まず，要素 ① に着目すると，要素 ① の節点力 $\{f^1\}$ と節点変位 $\{\partial^1\}$ の関係は

$$\{f^1\}=[k^1]\{\partial^1\} \tag{9.47}$$

すなわち，次のように表わされる.

$$\begin{Bmatrix}X_1^1 \\ Y_1^1 \\ X_2^1 \\ Y_2^1 \\ X_3^1 \\ Y_3^1\end{Bmatrix}=\begin{pmatrix}k_{11}^1 & k_{12}^1 & k_{13}^1 & k_{14}^1 & k_{15}^1 & k_{16}^1 \\ k_{21}^1 & k_{22}^1 \cdots\cdots\cdots\cdots\cdots\cdots & k_{26}^1 \\ \vdots & & & & & \vdots \\ \vdots & & & & & \vdots \\ \vdots & & & & & \vdots \\ k_{61}^1 & \cdots\cdots\cdots\cdots\cdots\cdots\cdots\cdots & k_{66}^1\end{pmatrix}\begin{Bmatrix}u_1 \\ v_1 \\ u_2 \\ v_2 \\ u_3 \\ v_3\end{Bmatrix} \tag{9.48}$$

ここで，$X_n^m, Y_n^m, \cdots$ などの m は要素番号，n は節点番号である. $k_{11}^m, k_{12}^m, \cdots,$ k_{66}^m などの値は，すでに示した式に座標の値等を入れれば求められる.

境界条件 (9.46) を考慮すると，式 (9.48) は次式のように書ける.

$$\left.\begin{array}{ll}X_1^1=k_{13}^1 u_2+k_{14}^1 v_2+k_{16}^1 v_3, & Y_1^1=k_{23}^1 u_2+k_{24}^1 v_2+k_{26}^1 v_3 \\ X_2^1=k_{33}^1 u_2+k_{34}^1 v_2+k_{36}^1 v_3, & Y_2^1=k_{43}^1 u_2+k_{44}^1 v_2+k_{46}^1 v_3 \\ X_3^1=k_{53}^1 u_2+k_{54}^1 v_2+k_{56}^1 v_3, & Y_3^1=k_{63}^1 u_2+k_{64}^1 v_2+k_{66}^1 v_3\end{array}\right\} \tag{9.49}$$

要素 ② に対しては，同様に

$$\begin{Bmatrix}X_3^2 \\ Y_3^2 \\ X_2^2 \\ Y_2^2 \\ X_4^2 \\ Y_4^2\end{Bmatrix}=\begin{pmatrix}k_{11}^2 & k_{12}^2 & k_{13}^2 & k_{14}^2 & k_{15}^2 & k_{16}^2 \\ k_{21}^2 & k_{22}^2 \cdots\cdots\cdots\cdots\cdots\cdots & k_{26}^2 \\ \vdots & & & & & \vdots \\ \vdots & & & & & \vdots \\ \vdots & & & & & \vdots \\ k_{61}^2 & \cdots\cdots\cdots\cdots\cdots\cdots\cdots\cdots & k_{66}^2\end{pmatrix}\begin{Bmatrix}u_3 \\ v_3 \\ u_2 \\ v_2 \\ u_4 \\ v_4\end{Bmatrix} \tag{9.50}$$

であるから，要素 ① に対する式 (9.49) と同様な関係は，境界条件 (9.46) を考慮すると次のようになる.

$$\left.\begin{array}{l}
X_3^2 = k_{12}^2 v_3 + k_{13}^2 u_2 + k_{14}^2 v_2 + k_{15}^2 u_4 + k_{16}^2 v_4 \\
Y_3^2 = k_{22}^2 v_3 + k_{23}^2 u_2 + k_{24}^2 v_2 + k_{25}^2 u_4 + k_{26}^2 v_4 \\
X_2^2 = k_{32}^2 v_3 + k_{33}^2 u_2 + \boldsymbol{k_{34}^2} v_2 + k_{35}^2 u_4 + k_{36}^2 v_4 \\
Y_2^2 = k_{42}^2 v_3 + k_{43}^2 u_2 + k_{44}^2 v_2 + k_{45}^2 u_4 + k_{46}^2 v_4 \\
X_4^2 = k_{52}^2 v_3 + k_{53}^2 u_2 + k_{54}^2 v_2 + k_{55}^2 u_4 + k_{56}^2 v_4 \\
Y_4^2 = k_{62}^2 v_3 + k_{63}^2 u_2 + k_{64}^2 v_2 + k_{65}^2 u_4 + k_{66}^2 v_4
\end{array}\right\} \tag{9.51}$$

次に節点における力の釣合いを考えると

$$\left.\begin{array}{l}
0 = X_2^1 + X_2^2, \quad 0 = Y_2^1 + Y_2^2, \quad 0 = Y_3^1 + Y_3^2 \\
F_a = X_4^2, \quad F_b = Y_4^2
\end{array}\right\} \tag{9.52}$$

ここで，節点外力の値がわかっている式をまとめてマトリックス表示するために，式 (9.49) と式 (9.51) を次のように組み合わせる.

$$X_1^1 = k_{13}^1 u_2 + k_{14}^1 v_2 + k_{16}^1 v_3 \tag{9.53-1}$$

$$Y_1^1 = k_{23}^1 u_2 + k_{24}^1 v_2 + k_{26}^1 v_3 \tag{9.53-2}$$

$$X_2^1 + X_2^2 = (k_{33}^1 + k_{33}^2) u_2 + (k_{34}^1 + k_{34}^2) v_2 + (k_{36}^1 + k_{32}^2) v_3 + k_{35}^2 u_4 + k_{36}^2 v_4 \tag{9.53-3}$$

$$Y_2^1 + Y_2^2 = (k_{43}^1 + k_{43}^2) u_2 + (k_{44}^1 + k_{44}^2) v_2 + (k_{46}^1 + k_{42}^2) v_3 + k_{45}^2 u_4 + k_{46}^2 v_4 \tag{9.53-4}$$

$$X_3^1 + X_3^2 = (k_{53}^1 + k_{13}^2) u_2 + (k_{54}^1 + k_{14}^2) v_2 + (k_{56}^1 + k_{12}^2) v_3 + k_{15}^2 u_4 + k_{16}^2 v_4 \tag{9.53-5}$$

$$Y_3^1 + Y_3^2 = (k_{63}^1 + k_{23}^2) u_2 + (k_{64}^1 + k_{24}^2) v_2 + (k_{66}^1 + k_{22}^2) v_3 + k_{25}^2 u_4 + k_{26}^2 v_4 \tag{9.53-6}$$

$$X_4^2 = k_{53}^2 u_2 + k_{54}^2 v_2 + k_{52}^2 v_3 + k_{55}^2 u_4 + k_{56}^2 v_4 \tag{9.53-7}$$

$$Y_4^2 = k_{63}^2 u_2 + k_{64}^2 v_2 + k_{62}^2 v_3 + k_{65}^2 u_4 + k_{66}^2 v_4 \tag{9.53-8}$$

式 (9.53) は 8 個の式から成り立っているが，これは問題 (図 9.11) が 4 個の節点から成り立っていることと関係している.

　式 (9.53) の中で，式 (9.53-3)，(9.53-4)，(9.53-6)，(9.53-7)，(9.53-8) の 5 個には境界条件式 (9.52) が対応するので，左辺の値をこれらの境界条件と置き換えることができる. 未知数は u_2, v_2, v_3, u_4, v_4 の 5 個であるから，5 個の式からこれらの未知変位を求めることができる.

　変位が決定されると，式 (9.53-1)，(9.53-2)，(9.53-5) に代入して反力 (左辺の値) が決定できる.

　上述のことをマトリックスで表現すると

$$
\left\{
\begin{array}{c}
0 \\
0 \\
0 \\
F_a \\
F_b
\end{array}
\right\}
=
\left[
\begin{array}{ccccc}
(k_{33}^1+k_{33}^2) & (k_{34}^1+k_{34}^2) & (k_{36}^1+k_{32}^2) & k_{35}^2 & k_{36}^2 \\
(k_{43}^1+k_{43}^2) & (k_{44}^1+k_{44}^2) & (k_{46}^1+k_{42}^2) & k_{45}^2 & k_{46}^2 \\
(k_{63}^1+k_{23}^2) & (k_{64}^1+k_{24}^2) & (k_{66}^1+k_{22}^2) & k_{25}^2 & k_{26}^2 \\
k_{53}^2 & k_{54}^2 & k_{52}^2 & k_{55}^2 & k_{56}^2 \\
k_{63}^2 & k_{64}^2 & k_{62}^2 & k_{65}^2 & k_{66}^2
\end{array}
\right]
\left\{
\begin{array}{c}
u_2 \\
v_2 \\
v_3 \\
u_4 \\
v_4
\end{array}
\right\}
\quad (9.54)
$$

式 (9.54) が変位を求めるための連立一次方程式である．これによって u_2, v_2, v_3, u_4, v_4 が求まると，式 (9.53-1)，(9.53-2)，(9.53-5)に代入することによって反力が求まる．

式 (9.54) は次のようにも書くことがある．

$$\{F\}=[K]\{\delta\} \qquad (9.55)$$

$\{F\}$：既知節点力の列ベクトル

$[K]$：剛性マトリックス

$\{\delta\}$：節点変位の列ベクトル

式 (9.54) によって変位が求まると，式 (9.34) によってひずみが求まる（$[N]$ は式 (9.45) に与えられている）．また，応力はこのようにして求まったひずみと式 (9.23)（フックの法則）から決定できる．

以上述べた手順をプログラム化することにより，任意の形状，荷重状態の解を自動的に求めることができる．なお，一つの要素において $k_{lm}=k_{ml}$ であるから $[K]$ も対称マトリックスであることに注意する必要がある．

図 9.11 のような問題であれば，式 (9.54) のように 5 元連立一次方程式となるから筆算によっても解くことができるが，要素の数が多くなると連立方程式の元数が極めて大きくなるので，もはや電算機によらなければ解くことができない．

平面問題では，元数は全節点数の 2 倍になるので，たとえば100の節点をもつ問題では約 200 元の連立一次方程式を解くことになる．

9.2.5 境界条件の表わし方と分割の仕方

境界条件は，三角形要素に分割する前の実際の状態をできるだけ正確に表わすものが望ましいが，一般に用いられている有限要素法のプログラムで指定できる変位に関する支持条件は，図 9.12(a) と (b) の 2 種類である．(a) は完全固定の条件で，(b) は，一方向固定，それと直角方向自由の条件を示

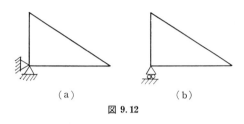

図 9.12

す．(b) の型の支持条件はせ
ん断応力を受けもたない境界
に対してしばしば用いられる．
　図 9.13(a) のような問題で
は，すでに 30 頁の【例題】
で示したように対称線上では
せん断応力 τ_{xy} が作用しないから，図 (b) に示すように (a) の 1/4 の部分を
取り出し，図 9.12(b) と同種の支持を与えることによって計算領域を狭くす
ることができる．

　図 9.13(a) のような問題では，孔の近傍には応力が集中し応力分布も急に
変化する．一つの三角形要素内では応力一定としたから，応力分布の急な変
化を近似するためには必然的に分割を細かくする必要がある．図 9.14 はそ
のような分割例を示したものである．有限要素法ではどのような分割でも計
算結果は得られるが，精度のよい結果を得るためには大体の応力場を頭の中
に描きながら分割を行なうことが必要である．

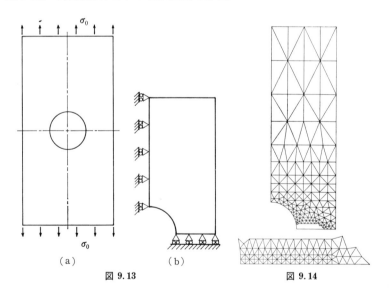

図 9.13　　　　　　　図 9.14

第9章の問題

1.　剛性マトリックスの要素 k_{lm} と k_{ml} ついては $k_{lm}=k_{ml}$ であることを証明せよ.

2.　図 9.15 の問題を解くための連立方程式を式 (9.54) の形式で表わせ. ただし各要素の剛性マトリックスの要素 k_{ij} は, それぞれ次のように求まっているものとする.

要素 ①：節点構成 1, 3, 4　　　　要素 ②：節点構成 4, 3, 2

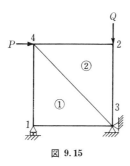

図 9.15　　　　　　　　　図 9.16

3.　有限要素法によって図 9.16 の問題を解け. ただし, 連立方程式の解法は Gauss-Seidel 法によるものとし, 電卓を用いて数値計算せよ. また, 板厚 $t=1$, $\nu=0.3$, $E=2\times10^4$MPa, 節点力の単位は N, 要素の節点構成は ① 1, 2, 3, ② 3, 2, 4 とする.

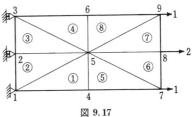

図 9.17

4.　図 9.17 の問題の全体の剛性マトリックスを作成せよ. $u_1=0$, $v_1=0$, $u_2=0$, $u_3=0$ であるが, これらの条件を考慮に入れない [18×18] のマトリックスを作成せよ. ただし, k_{ij} の i, j の付け方は次の節点構成に従うものとする.

① 1, 4, 5　　② 1, 5, 2　　③ 2, 5, 3　　④ 3, 5, 6
⑤ 5, 4, 7　　⑥ 5, 7, 8　　⑦ 5, 8, 9　　⑧ 5, 9, 6

第10章　薄板の曲げ (bending of plates)

　薄板とか厚板という表現は相対的なもので，板の厚さの絶対寸法は必ずしも力学的な薄板と厚板の区別の判定基準にはならない．ここでは，他の寸法に比較して板厚が小さい板を薄板と定義し，さらにその板厚に比較して たわみ が小さい場合の理論を扱う．また，材料力学における はり の曲げの理論と同様次のような仮定を置く．

〔仮定〕：

（1）　変形前に板の中央面に垂直な平面は変形後も垂直を保つ．

（2）　中央面は板の変形後もひずみ0を保つ．

（3）　板の面に垂直方向の垂直応力は他の応力と比較して十分小さいので無視する．

10.1　板曲げの簡単な例

　図10.1に示すように x 方向の寸法が l，y 方向の寸法が l に比べて長い長方形板が円筒形に曲げられる場合（円筒曲げ，cylindrical bending）を考える．図10.2に示すように，板厚を h とし，板の中央面（中立面，neutral plane）を z 座標の $z=0$ にとり，中央面の z 方向変位（板の下面の方向の変位）を w で表わす．

　先に述べた仮定によって，板の変形前後の関係は図10.3のようになる．中央面の曲率半径を ρ とすると，ρ は w によって近似的に次のように表わせる．

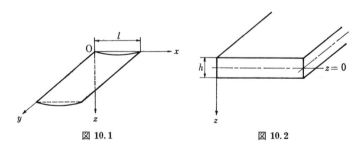

図 10.1　　　　　　　　　　　　図 10.2

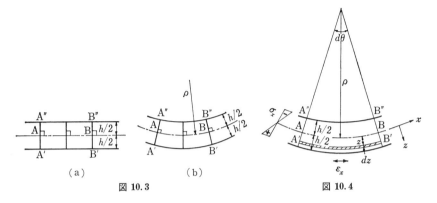

図 10.3 　　　　　　　　　　図 10.4

$$\frac{1}{\rho}=-\frac{d^2w}{dx^2} \tag{10.1}$$

また，$z=z$ での x 方向の垂直ひずみ ε_x は，図 10.4 を参照して

$$\varepsilon_x=\frac{\mathrm{A'B'-AB}}{\mathrm{AB}}=\frac{(\rho+z)\,d\theta-\rho\,d\theta}{\rho\,d\theta}=\frac{z}{\rho} \tag{10.2}$$

式 (10.1) と式 (10.2) より

$$\varepsilon_x=-z\frac{d^2w}{dx^2} \tag{10.3}$$

仮定（3）より，$\sigma_z=0$ であるから，フックの法則は

$$\varepsilon_x=\frac{1}{E}(\sigma_x-\nu\sigma_y), \qquad \varepsilon_y=\frac{1}{E}(\sigma_y-\nu\sigma_x)$$

ここで，長方形板を図 10.1 のように円筒形に曲げる場合には $\varepsilon_y=0$ であるから，$\sigma_y=\nu\sigma_x$ となる．したがって，

$$\varepsilon_x=\frac{1-\nu^2}{E}\sigma_x$$

より

$$\sigma_x=\frac{E\varepsilon_x}{1-\nu^2}=-\frac{Ez}{1-\nu^2}\cdot\frac{d^2w}{dx^2} \tag{10.4}$$

$$\sigma_y=-\frac{\nu Ez}{1-\nu^2}\cdot\frac{d^2w}{dx^2} \tag{10.5}$$

板曲げの問題では，曲げモーメントを単位長さ当りの量として定義するので，応力 σ_x と σ_y と関係をもつ曲げモーメント M_x と M_y (図 10.5) は次の

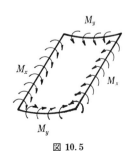

図 10.5

ように表わされる.

$$M_x=\int_{-h/2}^{h/2}\sigma_x\cdot 1\cdot z\,dz=-\int_{-h/2}^{h/2}\frac{Ez^2}{1-\nu^2}\cdot\frac{d^2w}{dx^2}dz$$

$$=-\frac{Eh^3}{12(1-\nu^2)}\cdot\frac{d^2w}{dx^2}=-D\frac{d^2w}{dx^2} \tag{10.6}$$

$$M_y=\int_{-h/2}^{h/2}\sigma_y\cdot 1\cdot z\,dz \tag{10.7}$$

ここで,

$$D=\frac{Eh^3}{12(1-\nu^2)} \tag{10.8}$$

であり, D を板の**曲げ剛性** (flexural rigidity of the plate) という.

　円筒曲げの場合は式 (10.4) と式 (10.5) の関係から

$$M_y=\nu M_x \tag{10.9}$$

すなわち, $\varepsilon_y=0$ に保つためには 0 でない M_y が必要で, 逆に $M_y=0$ ならば $\varepsilon_y\neq0$ となるので, 変形状態は円筒形にならないことに注意しなければならない.

　式 (10.6) を

$$D\frac{d^2w}{dx^2}=-M_x \tag{10.10}$$

のように書いて, 材料力学の はり の曲げに関する微分方程式

$$EI\frac{d^2w}{dx^2}=-M,\quad I=\frac{h^3}{12}\quad (\text{板幅}=1\text{とする}) \tag{10.11}$$

と比較すると, 同じ単位長さ当りの曲げモーメントに対しては D と EI の差によって板の方がややたわみにくいことがわかる.

　図 10.5 において, $M_y=0$ としたときの板曲げ問題を板の**単純曲げ** (simple bending) という. これまで述べた中立面における x 軸の曲がりを表わす曲率半径 ρ を ρ_x で表わし, 同様に y 軸の曲がりを ρ_y で表わすことにする. 円筒曲げの場合には $\rho_y=\infty$ であったが, 単純曲げでは有限な値となる. したがって, ρ_x, ρ_y の定義は次のようになる.

$$\frac{1}{\rho_x}=-\frac{d^2w}{dx^2},\quad \frac{1}{\rho_y}=-\frac{d^2w}{dy^2} \tag{10.12}$$

$\varepsilon_x=z/\rho_x$, $\varepsilon_y=z/\rho_y$ であり, 単純曲げでは $M_y=0$ すなわち $\sigma_y=0$ である

ので, フックの法則から

$$\frac{z}{\rho_x}=\frac{\sigma_x}{E}, \qquad \frac{z}{\rho_y}=-\nu\frac{\sigma_x}{E} \tag{10.13}$$

したがって

$$M_x=\int_{-h/2}^{h/2}\sigma_x\cdot1\cdot z\,dz=\int_{-h/2}^{h/2}\frac{E}{\rho_x}z^2dz=\frac{(1-\nu^2)D}{\rho_x} \tag{10.14}$$

これから,

$$\frac{1}{\rho_x}=\frac{M_x}{(1-\nu^2)D}, \qquad \frac{1}{\rho_y}=-\frac{\nu M_x}{(1-\nu^2)D}=-\nu\frac{1}{\rho_x} \tag{10.15}$$

となり, 単純曲げでは, x 軸の曲がりの曲率と y 軸のそれとは逆符号となる.

10.2 板の純曲げの一般の場合

$M_x\neq0$, $M_y\neq0$ の一般の場合の変形状態を, 図 10.6 を参照して表わす.

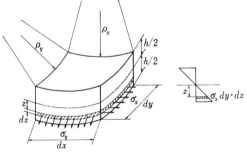

図 10.6

フックの法則

$$\sigma_x=\frac{E}{1-\nu^2}(\varepsilon_x+\nu\varepsilon_y), \qquad \sigma_y=\frac{E}{1-\nu^2}(\varepsilon_y+\nu\varepsilon_x)$$

と, 図 10.6 より

$$\sigma_x=\frac{Ez}{1-\nu^2}\Big(\frac{1}{\rho_x}+\nu\frac{1}{\rho_y}\Big), \qquad \sigma_y=\frac{Ez}{1-\nu^2}\Big(\frac{1}{\rho_y}+\nu\frac{1}{\rho_x}\Big) \tag{10.16}$$

これと, 式 (10.6), (10.7) より

$$\left.\begin{array}{l}M_x=D\Big(\frac{1}{\rho_x}+\nu\frac{1}{\rho_y}\Big)=-D\Big(\frac{\partial^2w}{\partial x^2}+\nu\frac{\partial^2w}{\partial y^2}\Big)\\[2mm]M_y=D\Big(\frac{1}{\rho_y}+\nu\frac{1}{\rho_x}\Big)=-D\Big(\frac{\partial^2w}{\partial y^2}+\nu\frac{\partial^2w}{\partial x^2}\Big)\end{array}\right\} \tag{10.17}$$

10.3　曲げモーメントとねじりモーメントの変換

　ここでは，図 10.7(a) のように中立面より下の面 ($z>0$) に引張応力が作用するときの曲げモーメントを正と定義する．すなわち，曲げモーメントの符号は中立面の下の垂直応力の符号と同じである．曲げモーメントは，ふつう図 10.7(b) または (c) のように図示する．(b) では，ねじを右まわしにするような曲げモーメントを正とし，(c) の矢印も直観的に (a) と (b) の場合に合うように決めている．

　これに対して，ねじりモーメントが作用すると，図 10.8(a) に示すようなせん断応力が生じる．τ_{xy} または τ_{yx} の符号は，平面問題の場合の定義に従うものとする．すなわち，中立面より下の面 ($z>0$) に正のせん断応力が作用する図を示したのが図 10.8(a) である．ねじりモーメントの正負の定義は，せん断応力と同じではなく次のようにする．ねじりモーメントの作用を図

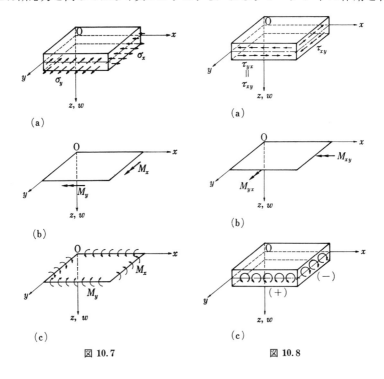

図 10.7　　　　　　　　　　図 10.8

10.8(b) のようにねじを右まわしにするように矢印で示すとき, 矢印が断面の外向き法線の方向であるとき正, 逆を負と約束する. すなわち, $M_{xy}=-M_{yx}$ である. 曲げモーメントを表わす図 10.7(c) と同様な矢印でねじりモーメントを表現すると図 10.8(c) のようになる. 図 10.8(b) に示したねじりモーメント M_{xy}, M_{yx} も単位長さ当りの量である.

したがって, $z=h/2$ での応力は次のように計算される.

$$\sigma_x = \frac{M_x}{h^2/6}, \quad \sigma_y = \frac{M_y}{h^2/6}, \quad \tau_{xy} = -\frac{M_{xy}}{h^2/6} = \frac{M_{yx}}{h^2/6}, \quad \left(z = \frac{h}{2}\right) \quad (10.18)$$

M_x, M_y, M_{xy} (または M_{yx}) がわかっているとき, 任意の断面に作用する曲げモーメントとねじりモーメントは, 平面問題の応力変換式 (1.12) と図 10.9 を参照し, M_{yx} は τ_{xy} と同符号, $M_{\eta\xi}$ は $\tau_{\xi\eta}$ と同符号, また M_{xy}, $M_{\xi\eta}$ は逆符号になることを考慮すると, 板曲げ問題のモーメント変換式として次式を得る.

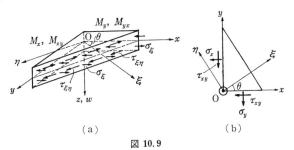

図 10.9

$$\left.\begin{aligned}
M_\xi &= M_x \cos^2\theta + M_y \sin^2\theta - 2M_{xy}\cos\theta\cdot\sin\theta \\
M_\eta &= M_x \sin^2\theta + M_y \cos^2\theta + 2M_{xy}\cos\theta\cdot\sin\theta \\
M_{\xi\eta} &= (M_x - M_y)\cos\theta\cdot\sin\theta + M_{xy}(\cos^2\theta - \sin^2\theta)
\end{aligned}\right\} \quad (10.19)$$

〖問題 10.3.1〗

次の各場合に, 正方形の薄板はどのように変形するか図を描いて示せ.

(1) $M_x = M_0$, $M_y = 0$, $M_{xy} = 0$

(2) $M_x = M_0$, $M_y = \nu M_0$, $M_{xy} = 0$

(3) $M_x = M_0$, $M_y = M_0$, $M_{xy} = 0$

(4) $M_x = M_0$, $M_y = -M_0$, $M_{xy} = 0$

(5) $M_x = 0$, $M_y = 0$, $M_{xy} = M_0$

〖問題 10.3.2〗

次式が成り立つことを証明せよ.

$$M_{xy} = D(1-\nu)\frac{\partial^2 w}{\partial x \cdot \partial y} \tag{10.20}$$

〖問題 10.3.3〗

板厚 h, 面積 A の板が曲げモーメント M_x, M_y で曲げられ, $M_{xy}=0$ の場合に板に貯えられるひずみエネルギ U は次式で与えられることを証明せよ.

$$U = \frac{1}{2}DA\left[\left(\frac{\partial^2 w}{\partial x^2}\right)^2 + \left(\frac{\partial^2 w}{\partial y^2}\right)^2 + 2\nu\frac{\partial^2 w}{\partial x^2}\cdot\frac{\partial^2 w}{\partial y^2}\right] \tag{10.21}$$

また, $M_{xy}\neq 0$ の場合には U は次式のようになることを証明せよ.

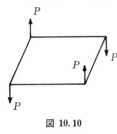

$$U = \frac{1}{2}DA\left[\left(\frac{\partial^2 w}{\partial x^2}+\frac{\partial^2 w}{\partial y^2}\right)^2\right.$$
$$\left. -2(1-\nu)\left\{\frac{\partial^2 w}{\partial x^2}\cdot\frac{\partial^2 w}{\partial y^2}-\left(\frac{\partial^2 w}{\partial x \cdot \partial y}\right)^2\right\}\right] \tag{10.22}$$

〖問題 10.3.4〗

図10.10のように正方形の薄板の四角に集中荷重をかけると, 板はどのように変形するか. また, 〖問題 10.3.1〗の (1)〜(5) でこの問題と類似のものはどれか.

図 10.10

10.4 板の表面に荷重が作用する場合の微分方程式とその応用

図 10.11(a) のように, 表面に一様な分布荷重 q が作用する板を考える. この場合には, 板の厚さ方向にせん断応力 τ_{xz}, τ_{yz} が生ずるが, これらを単

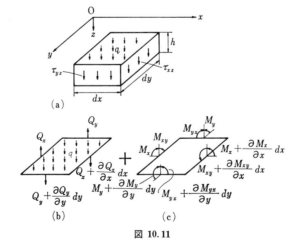

図 10.11

位長さ当りの領域で積分した量をせん断力 Q_x, Q_y と称する．図 (a) は図 (b) と (c) のように分解して考えることができるので，それぞれについて平衡条件式を立てることができる．

$dx \cdot dy$ で囲まれる板の z 方向の力に関する平衡を考えると

$$\left[\left(Q_x + \frac{\partial Q_x}{\partial x}dx\right) - Q_x\right]dy + \left[\left(Q_y + \frac{\partial Q_y}{\partial y}dy\right) - Q_y\right]dx + qdx \cdot dy = 0$$

すなわち

$$\frac{\partial Q_x}{\partial x} + \frac{\partial Q_y}{\partial y} + q = 0 \tag{10.23}$$

$dx \cdot dy$ で囲まれる板の x 軸まわりの回転に関する平衡を考えると

$$\left[\left(M_{xy} + \frac{\partial M_{xy}}{\partial x}dx\right) - M_{xy}\right]dy + \left[-\left(M_y + \frac{\partial M_y}{\partial y}dy\right) + M_y\right]dx$$

$$+ \left(Q_y + \frac{\partial Q_y}{\partial y}dy\right)dx \cdot dy + \left[-Q_x dy + \left(Q_x + \frac{\partial Q_x}{\partial x}dx\right)dy\right]\frac{dy}{2}$$

$$+ qdx \cdot dy\frac{dy}{2} = 0$$

上式から高次の微小項を省略すると

$$\frac{\partial M_{xy}}{\partial x} - \frac{\partial M_y}{\partial y} + Q_y = 0 \tag{10.24}$$

同様に，y 軸まわりの回転に関する平衡を考えると

$$\left[\left(M_x + \frac{\partial M_x}{\partial x}dx\right) - M_x\right]dy + \left[\left(M_{yx} + \frac{\partial M_{yx}}{\partial y}dy\right) - M_{yx}\right]dx$$

$$- \left(Q_x + \frac{\partial Q_x}{\partial x}dx\right)dy \cdot dx + \left[Q_y dx - \left(Q_y + \frac{\partial Q_y}{\partial y}dy\right)dx\right]\frac{dx}{2}$$

$$- qdx \cdot dy\frac{dx}{2} = 0$$

高次の微小項を省略すると

$$\frac{\partial M_x}{\partial x} + \frac{\partial M_{yx}}{\partial y} - Q_x = 0 \tag{10.25}$$

図 10.11(a) の状態では x, y 方向の力は 0，また z 軸に関する回転の条件は満たされているので，式 (10.23)～(10.25) で平衡条件を完全に記述している．

$M_{xy} = -M_{yx}$ を考慮して式 (10.23)～(10.25) から Q_x, Q_y を消去すると，

$$\frac{\partial^2 M_x}{\partial x^2}+\frac{\partial^2 M_y}{\partial y^2}-2\frac{\partial^2 M_{xy}}{\partial x\cdot\partial y}=-q \tag{10.26}$$

式 (10.17) と式 (10.20) を上式に代入すると，

$$\frac{\partial^4 w}{\partial x^4}+2\frac{\partial^4 w}{\partial x^2\cdot\partial y^2}+\frac{\partial^4 w}{\partial y^4}=\frac{q}{D}\quad\text{(Lagrange, 1811)} \tag{10.27}$$

上式は，次のように略して書くこともある．

$$\varDelta\varDelta w=\frac{q}{D},\quad\text{または}\quad \nabla^4 w=\frac{q}{D} \tag{10.28}$$

ここで，$\varDelta=\partial^2/\partial x^2+\partial^2/\partial y^2$，$\nabla^2=\partial^2/\partial x^2+\partial^2/\partial y^2$ である．

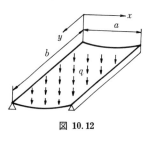

図 10.12

【例題 1】

　単純支持された幅 a の長い板に分布荷重 q がかかるときの変位を求めよ（図 10.12）．

【解】

式 (10.27) より

$$\frac{d^4 w}{dx^4}=\frac{q}{D},\qquad \frac{d^3 w}{dx^3}=\frac{q}{D}x+C_1,$$

$$\frac{d^2 w}{dx^2}=\frac{1}{2}\cdot\frac{q}{D}x^2+C_1 x+C_2$$

$x=0$ で $M_x=0$ より $C_2=0$

$$\frac{dw}{dx}=\frac{1}{6}\cdot\frac{q}{D}x^3+\frac{1}{2}C_1 x^2+C_3,\qquad w=\frac{1}{24}\cdot\frac{q}{D}x^4+\frac{1}{6}C_1 x^3+C_3 x+C_4$$

$x=0$ で $w=0$ より $C_4=0$

$x=a$ で $M_x=0$，すなわち $d^2 w/dx^2=0$，より

$$\frac{1}{2}\cdot\frac{q}{D}a^2+C_1 a=0,\ \text{すなわち}\ \ C_1=-\frac{1}{2}\cdot\frac{q}{D}a$$

$x=a$ で $w=0$ より

$$\frac{1}{24}\cdot\frac{q}{D}a^4-\frac{1}{12}\cdot\frac{q}{D}a^4+C_3 a=0,\qquad\text{すなわち}\quad C_3=\frac{1}{24}\cdot\frac{q}{D}a^3$$

$$w=\frac{q}{24D}(x^4-2ax^3+a^3 x)$$

$x=a/2$ で w は最大値をとり，その値は次のようになる．

$$w_{\max}=\frac{5}{384}\cdot\frac{q}{D}a^4$$

【例題 2】

　前問で a, b が有限の場合のたわみを求める方法を示せ．

【解】

Lévy の方法*

用いる微分方程式は式 (10.27) であるが，解 w を次のように二つに分けて解くことを考える．

$$w = w_1 + w_2$$

ここで

$$w_1 = \frac{q}{24D}(x^4 - 2ax^3 + a^3x) \cdots 【例題 1】 の解$$

$$w_2 = \sum_{m=1,3,5,\cdots}^{\infty} Y_m \sin\frac{m\pi x}{a}$$

w を式 (10.27) に代入すると

$$\sum_{m=1,3,5,\cdots}^{\infty} \left(Y_m{}^{(4)} - 2\frac{m^2\pi^2}{a^2}Y_m{}^{(2)} + \frac{m^4\pi^4}{a^4}Y_m \right)\sin\frac{m\pi x}{a} = 0$$

すべての x に対して上式が成立するためには，

$$Y_m{}^{(4)} - 2\frac{m^2\pi^2}{a^2}Y_m{}^{(2)} + \frac{m^4\pi^4}{a^4}Y_m = 0$$

これを解いて

$$Y_m = \frac{qa^4}{D}\left(A_m \cosh\frac{m\pi y}{a} + B_m\frac{m\pi y}{a}\sinh\frac{m\pi y}{a} + C_m \sinh\frac{m\pi y}{a} + D_m\frac{m\pi y}{a}\cosh\frac{m\pi y}{a} \right)$$

境界条件によって $A_m \sim D_m$ を決定する．

【例題 3】

図 10.12 において a, b が有限で，$q = q_0 \sin(\pi x/a)\cdot\sin(\pi y/b)$ の場合の変位を求めよ．

【解】

この問題は，$q=$ 一定の前問よりむしろ容易に解くことができる．この場合，基礎微分方程式は次のようになる．

$$\frac{\partial^4 w}{\partial x^4} + 2\frac{\partial^4 w}{\partial x^2\cdot\partial y^2} + \frac{\partial^4 w}{\partial y^4} = \frac{q_0}{D}\sin\frac{\pi x}{a}\cdot\sin\frac{\pi y}{b} \quad (\text{a})$$

境界条件は，

$$\left.\begin{array}{l} x=0,\ x=a\ \text{で}\ w=0,\ M_x=0\quad(\partial^2 w/\partial x^2=0)\\ y=0,\ y=b\ \text{で}\ w=0,\ M_y=0\quad(\partial^2 w/\partial y^2=0) \end{array}\right\} \quad (\text{b})$$

変位を次式のように仮定する．

$$w = C\sin\frac{\pi x}{a}\cdot\sin\frac{\pi y}{b} \quad (\text{c})$$

(c) は (b) の条件をすべて満たしている．(c) を (a) に代入すると

$$\pi^4\left(\frac{1}{a^2}+\frac{1}{b^2}\right)^2 C = \frac{q_0}{D},\ \text{すなわち}\ \ C = \frac{q_0}{\pi^4(1/a^2+1/b^2)^2 D} \quad (\text{d})$$

---

* S. P. Timoshenko and S. Woinowsky-Krieger: Theory of plates and shells, Second ed. McGraw-Hill (1959), 113.

結局,

$$w = \frac{q_0}{\pi^4(1/a^2+1/b^2)^2 D} \sin\frac{\pi x}{a} \cdot \sin\frac{\pi y}{b} \tag{e}$$

10.5　板曲げ問題における境界条件

　板曲げ問題の境界条件は材料力学におけるはりの曲げ問題や平面問題と類似の面もあるが, τ_{xy} と τ_{xz}, τ_{yz}, したがって M_{xy}, M_{yx} と Q_x, Q_y とが関連する境界条件もあるので, 厳密には三次元問題として考えるべき性質のものである. しかし, 板曲げ問題を厳密に三次元問題として取り扱うのは解法を極めて困難にすることになり利点が少ないので, **古典理論**として一般に用いられている方法においては, 境界条件を近似的に満たす実用的な方法を採用している.

　境界条件は, 主として次の三つの場合に分けられる.

　（1）　固定端（built-in edge）

$x=a$ に沿って板が固定されている条件は次のように表わされる.

$$(w)_{x=a}=0, \qquad \left(\frac{\partial w}{\partial x}\right)_{x=a}=0 \tag{10.29}$$

　（2）　単純支持（simply supported edge）

$x=a$ に沿って単純に支持されている条件は

$$(w)_{x=a}=0, \qquad (M_x)_{x=a}=\left(\frac{\partial^2 w}{\partial x^2}+\nu\frac{\partial^2 w}{\partial y^2}\right)_{x=a}=0 \tag{10.30}$$

$(\partial^2 w/\partial y^2)_{x=a}=0$ であるから, 第2の条件は $(\partial^2 w/\partial x^2)_{x=a}=0$ とも書ける.

　（3）　自由端（自由縁, free edge）

　板曲げ問題の自由端の条件は, 材料力学や平面問題の自由端の条件とは取扱いがやや異なっており, この条件の扱いが板曲げ問題を特徴づけている.

　ごく自然な考え方では, $x=a$ が自由端である条件は次のように三つの量が0となることである.

$$(M_x)_{x=a}=0, \qquad (M_{xy})_{x=a}=0, \qquad (Q_x)_{x=a}=0$$

　しかし, これまで述べた板曲げの理論において, この三つの条件を与えると条件が過剰となる. その原因は, これまでの理論が中立面の変形, すなわち曲率だけに注目した理論であって局部変形を考慮に入れたものではないか

らである. そこで, 局部的な変形を厳密に記述できなくても実用的に十分な精度で全体の変形を求めるためには, 上の三つの条件を全体的な変形に

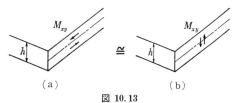

図 10.13

寄与する観点から二つにまとめる必要がある. この点については, M_{xy} と Q_x の関連が問題となる.

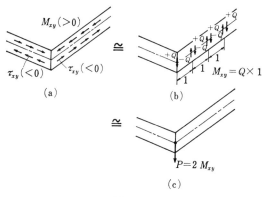

図 10.14

図 10.13 に示すように, M_{xy} は全体的な変形から考えると近似的に図 (b) の荷重と等しいと考えることができる. このような静的に

等価な荷重は端面では差を生じるが, 板厚 h 程度内部での効果はほぼ同じである (Saint-Venant's principle). したがって, 図 10.14(a) に示すようにある断面における τ_{xy} の分布は, (b) のようなせん断力の対の分布と等価である. せん断力の対の分布は正負逆

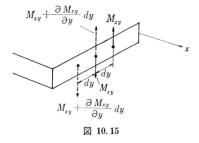

図 10.15

の作用で消える部分があるので, 結局 (c) に示すように $x=$ 一定, $y=$ 一定の両面についてこの効果をまとめると, 角の部分に $P=2M_{xy}$ という集中力が残ったものと等価となる. したがって, 一般に M_{xy} が一定でなく図 10.15 のように変化しておれば, 正負打消し合いの結果, 等価なせん断力として残る量は $-\partial M_{xy}/\partial y$ である (Kirchhoff, 1850).

結局, せん断力とねじりモーメントを組み合わせて要求される自由端の条件は, $x=a$ で

$$V_x=\left(Q_x-\frac{\partial M_{xy}}{\partial y}\right)_{x=a}=0 \quad (単位長さ当りの量)$$

式 (10.25) より

$$Q_x=\frac{\partial M_x}{\partial x}+\frac{\partial M_{yx}}{\partial y}$$

であるから，式 (10.17)，(10.20) を上式に代入して

$$V_x=-D\left[\frac{\partial^3 w}{\partial x^3}+(2-\nu)\frac{\partial^3 w}{\partial x\cdot\partial y^2}\right]_{x=a}=0$$

したがって，自由端の条件は次の二つにまとめられる.

$$\left(\frac{\partial^2 w}{\partial x^2}+\nu\frac{\partial^2 w}{\partial y^2}\right)_{x=a}=0, \quad \left[\frac{\partial^3 w}{\partial x^3}+(2-\nu)\frac{\partial^3 w}{\partial x\cdot\partial y^2}\right]_{x=a}=0 \quad (10.31)$$

このような考え方を基本とする板曲げ理論を**古典理論**または **Kirchhoff の理論**という.

10.6 諸量の極座標表示

平面問題における極座標問題と同様，板曲げ問題においても多くの重要な極座標問題があるので，応用を考えて諸量を極座標で表わしておく.

$$\nabla^4 w=\left(\frac{\partial^2}{\partial r^2}+\frac{1}{r}\cdot\frac{\partial}{\partial r}+\frac{1}{r^2}\cdot\frac{\partial^2}{\partial\theta^2}\right)\cdot\left(\frac{\partial^2 w}{\partial r^2}+\frac{1}{r}\cdot\frac{\partial w}{\partial r}+\frac{1}{r^2}\cdot\frac{\partial^2 w}{\partial\theta^2}\right)=\frac{q}{D} \quad (10.32)$$

$$M_r=-D\left(\frac{\partial^2 w}{\partial x^2}+\nu\frac{\partial^2 w}{\partial y^2}\right)_{\theta=0}=-D\left[\frac{\partial^2 w}{\partial r^2}+\nu\left(\frac{1}{r}\cdot\frac{\partial w}{\partial r}+\frac{1}{r^2}\cdot\frac{\partial^2 w}{\partial\theta^2}\right)\right] \quad (10.33)$$

$$M_\theta=-D\left(\frac{\partial^2 w}{\partial y^2}+\nu\frac{\partial^2 w}{\partial x^2}\right)_{\theta=0}=-D\left[\left(\frac{1}{r}\cdot\frac{\partial w}{\partial r}+\frac{1}{r^2}\cdot\frac{\partial^2 w}{\partial\theta^2}\right)+\nu\frac{\partial^2 w}{\partial r^2}\right] \quad (10.34)$$

$$M_{r\theta}=D(1-\nu)\cdot\left(\frac{\partial^2 w}{\partial x\cdot\partial y}\right)_{\theta=0}=D(1-\nu)\cdot\left[\frac{1}{r}\cdot\frac{\partial^2 w}{\partial r\cdot\partial\theta}-\frac{1}{r^2}\cdot\frac{\partial w}{\partial\theta}\right] \quad (10.35)$$

$$Q_x=\frac{\partial M_x}{\partial x}+\frac{\partial M_{yx}}{\partial y}=-D\frac{\partial}{\partial x}\left(\frac{\partial^2 w}{\partial x^2}+\nu\frac{\partial^2 w}{\partial y^2}\right)-D(1-\nu)\frac{\partial^3 w}{\partial x\cdot\partial y^2}$$

$$=-D\frac{\partial}{\partial x}\left(\frac{\partial^2 w}{\partial x^2}+\frac{\partial^2 w}{\partial y^2}\right)=-D\frac{\partial}{\partial x}(\nabla^2 w) \quad (10.36)$$

$$Q_y=-\frac{\partial M_{xy}}{\partial x}+\frac{\partial M_y}{\partial y}=-D\frac{\partial}{\partial y}\left(\frac{\partial^2 w}{\partial x^2}+\frac{\partial^2 w}{\partial y^2}\right)=-D\frac{\partial}{\partial y}(\nabla^2 w) \quad (10.37)$$

$$Q_r=-D\frac{\partial}{\partial r}(\nabla^2 w) \quad (10.38)$$

$$Q_\theta=-D\frac{\partial}{r\partial\theta}(\nabla^2 w) \quad (10.39)$$

$r=a$ での境界条件を極座標で表わすと

（1） 固定端： $(w)_{r=a}=0,\quad \left(\dfrac{\partial w}{\partial r}\right)_{r=a}=0$ （10.40）

（2） 単純支持： $(w)_{r=a}=0,\quad (M_r)_{r=a}=0$ （10.41）

（3） 自由端： $(M_r)_{r=a}=0,\quad V=\left(Q_r-\dfrac{\partial M_{r\theta}}{r\partial\theta}\right)_{r=a}=0$ （10.42）

10.7 板曲げ問題における応力集中

（1） 円孔をもつ広い板の曲げにおける応力集中（図 10.16）

この問題は，前節の極座標表示を用いて平面問題（6.5 節）と同様な手法で解くことができる．

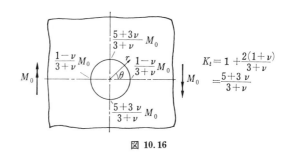

図 10.16

図 10.16 において，$\theta=\pm\pi/2$ の孔縁の M_θ が最大となりモーメント集中係数 K_t は次のようになる．

$$K_t=\frac{5+3\nu}{3+\nu}$$ （10.43）

$\theta=0,\ \pi$ における M_θ は図中に示すとおりとなる．

（2） だ円孔をもつ広い板の曲げにおける応力集中（図 10.17）

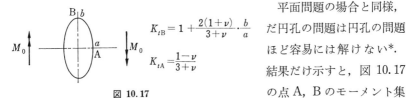

図 10.17

平面問題の場合と同様，だ円孔の問題は円孔の問題ほど容易には解けない[*]．結果だけ示すと，図 10.17 の点 A, B のモーメント集中係数は次のようになる．

$$K_{tB}=1+\frac{2(1+\nu)}{3+\nu}\cdot\frac{b}{a}$$ （10.44）

---

* Goodier, J. N., Phil. Mag., 7-22 (1936), 68. および鷲津, 日本機械学会論文集, 18-68 (昭 27), 41.

$$K_{tA} = \frac{1-\nu}{3+\nu} \tag{10.45}$$

　式 (10.44) において，$a=b$ の場合の値は当然 式 (10.43) に一致する．また，式 (10.45) からわかるように点 A の曲げモーメント M_θ は，a と b に無関係となることは平面問題と同様で興味深い．平面問題の種々の例題と問題で示しているように，式 (10.43)～(10.45) の結果は板曲げの多くの実際問題に応用可能である．また，等価だ円の概念ももちろん適用可能である．

10.8　円板の曲げ

　円板がその表面に荷重を受けて軸対称の変形をする場合の応力と変位を求める．第 10 章のはじめに述べた仮定は，この場合も当てはまるものとする．

　軸対称変形とは，θ 方向の変位がなく，変位，応力は半径方向の座標 (r) のみの関数であることを意味する．したがって，$\tau_{r\theta}=0$，$\tau_{\theta z}=0$ である．

　式 (10.32) において θ の項を除くと

$$\left(\frac{\partial^2}{\partial r^2} + \frac{1}{r} \cdot \frac{\partial}{\partial r}\right) \cdot \left(\frac{\partial^2 w}{\partial r^2} + \frac{1}{r} \cdot \frac{\partial w}{\partial r}\right) = \frac{q}{D} \tag{10.46}$$

　これを展開すると

$$\frac{d^4 w}{dr^4} + \frac{2}{r} \cdot \frac{d^3 w}{dr^3} - \frac{1}{r^2} \cdot \frac{d^2 w}{dr^2} + \frac{1}{r^3} \cdot \frac{dw}{dr} = \frac{q}{D} \tag{10.47}$$

　この微分方程式の解は，式 (6.22) の解法と同様な手法で求めることができ，次のようになる．

$$w = w_0 + C_1 + C_2 \log r + C_3 r^2 + C_4 r^2 \log r \tag{10.48}$$

ここで，w_0 は特解で

$$w_0 = \frac{q r^4}{64 D} \tag{10.49}$$

また，$C_1 \sim C_4$ は境界条件から決まる定数である．

　式 (10.33)，(10.34)，(10.38) から θ の項を除くと

$$M_r = -D\left(\frac{d^2 w}{dr^2} + \nu \frac{1}{r} \cdot \frac{dw}{dr}\right), \quad M_\theta = -D\left(\frac{1}{r} \cdot \frac{dw}{dr} + \nu \frac{d^2 w}{dr^2}\right) \tag{10.50}$$

$$Q_r = -D\frac{d}{dr}\left(\frac{d^2 w}{dr^2} + \frac{1}{r} \cdot \frac{dw}{dr}\right) \tag{10.51}$$

【例題 4】 等分布荷重 q を受ける周辺固定の円板 (図 10.18).

一般解の式 (10.48) より

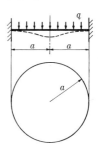

$$w = \frac{qr^4}{64D} + C_1 + C_2 \log r + C_3 r^2 + C_4 r^2 \log r$$

$r = 0$ (中心) で $w =$ 有限であるから $C_2 = 0$ となる. したがって,

$$w' = \frac{qr^3}{16D} + 2C_3 r + C_4(2r \log r + r)$$

$$w'' = \frac{3qr^2}{16D} + 2C_3 + C_4(2 \log r + 3)$$

$r = 0$ で $M_r =$ 有限より $C_4 = 0$ (または, $Q_r \propto r$ より $C_4 = 0$).

外周 $r = a$ で $w' = 0$ より $C_3 = -qa^2/32D$, また $w = 0$ より C_1

図 10.18

$= qa^4/64D$ となる. 結局,

$$w = \frac{q}{64D}(a^2 - r^2)^2 \tag{10.52}$$

これから, σ_r と関係する M_r および σ_θ と関係する M_θ が式 (10.50) より計算できる.

【例題 5】 中心に集中荷重 P が作用する周辺固定の円板 (図 10.19).

この問題では, 一般解は次のようになる.

$$w = C_1 + C_2 \log r + C_3 r^2 + C_4 r^2 \log r$$

$C_1 \sim C_4$ を決定するための条件は次のように書ける.

(1) $r \to 0$ で $w' \to 0$

(2) $r = a$ で $w = 0$

(3) $r = a$ で $w' = 0$

(4) r に無関係に, $2\pi r Q_r + P = 0$ (図 10.20 参照)

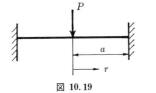

図 10.19

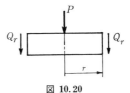

図 10.20

以上の条件より

$$C_1 = \frac{Pa^2}{16\pi D}, \quad C_2 = 0, \quad C_3 = -\frac{P}{16\pi D}(2 \log a + 1), \quad C_4 = \frac{P}{8\pi D}$$

したがって,

$$w = \frac{Pr^2}{8\pi D} \log \frac{r}{a} + \frac{P}{16\pi D}(a^2 - r^2) \tag{10.53}$$

しかし, $r = 0$ の近傍は実際には, 図 10.21 のようになっているので, 荷重点近傍については厳密には別の問題として解くべきである.

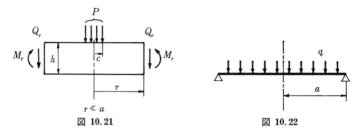

図 10.21

図 10.22

【例題 6】　等分布荷重を受ける周辺単純支持の円板（図 10.22）．

一般解：

$$w=\frac{qr^4}{64D}+C_1+C_2\log r+C_3 r^2+C_4 r^2\log r$$

$C_1 \sim C_4$ を決定するための条件は

（ 1 ）　$r=0$ で，$w'=0$，$M_r=M_\theta=$有限

（ 2 ）　$r=a$ で，$w=0$，$M_r=0$

(1) の最初の条件より $C_2=0$ となり，$w'=0$ も満たされる．他の定数は次のようになる．

$$C_1=\frac{(5+\nu)}{64D(1+\nu)}qa^4, \qquad C_3=-\frac{(3+\nu)}{32D(1+\nu)}qa^2, \qquad C_4=0$$

したがって，

$$w=\frac{q(a^2-r^2)}{64D}\left[\frac{5+\nu}{1+\nu}a^2-r^2\right] \tag{10.54}$$

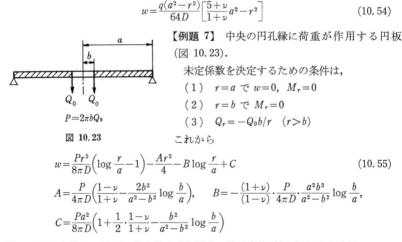

図 10.23

$P=2\pi b Q_0$

【例題 7】　中央の円孔縁に荷重が作用する円板（図 10.23）．

未定係数を決定するための条件は，

（ 1 ）　$r=a$ で $w=0$，$M_r=0$

（ 2 ）　$r=b$ で $M_r=0$

（ 3 ）　$Q_r=-Q_0 b/r$　（$r>b$）

これから

$$w=\frac{Pr^2}{8\pi D}\left(\log\frac{r}{a}-1\right)-\frac{Ar^2}{4}-B\log\frac{r}{a}+C \tag{10.55}$$

$$A=\frac{P}{4\pi D}\left(\frac{1-\nu}{1+\nu}-\frac{2b^2}{a^2-b^2}\log\frac{b}{a}\right), \qquad B=-\frac{(1+\nu)}{(1-\nu)}\cdot\frac{P}{4\pi D}\cdot\frac{a^2b^2}{a^2-b^2}\log\frac{b}{a},$$

$$C=\frac{Pa^2}{8\pi D}\left(1+\frac{1}{2}\cdot\frac{1-\nu}{1+\nu}-\frac{b^2}{a^2-b^2}\log\frac{b}{a}\right)$$

【例題 8】　半径 b の円周に集中荷重が作用する単純支持円板（図 10.24(a)）．

図 10.24(a) の問題は，図 10.24(b) と (c) の問題に分けて考えることができる．前者を問題 A，後者を問題 B とすると，解は $r=b$ において変位，傾きが連続で曲

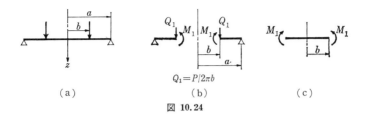

$Q_1 = P/2\pi b$

(a) (b) (c)

図 10.24

げモーメント M_r が両者で等しいという条件から決めることができる.

一般解は,

$$w = C_1 + C_2 \log r + C_3 r^2 + C_4 r^2 \log r$$

であるが, 問題 A と B とでは未定係数の値が異なるので, 添字 A と B をつけて区別することにする. 以下, 別々に解いていくと

[問題 A]

$$w_{\mathrm{A}} = C_{1\mathrm{A}} + C_{2\mathrm{A}} \log r + C_{3\mathrm{A}} r^2 + C_{4\mathrm{A}} r^2 \log r$$

境界条件は,

(1) $r = b$ で $Q_r = -P/2\pi b$, $M_r = M_1$, $(\partial w_{\mathrm{A}}/\partial r)_{r=b} = (\partial w_{\mathrm{B}}/\partial r)_{r=b}$

(2) $r = a$ で $Q_r = -P/2\pi a$, $M_r = 0$, $w = 0$

$$w_{\mathrm{A}}' = \frac{C_{2\mathrm{A}}}{r} + 2C_{3\mathrm{A}} r + 2C_{4\mathrm{A}} r \log r + C_{4\mathrm{A}} r$$

$$w_{\mathrm{A}}'' = -\frac{C_{2\mathrm{A}}}{r^2} + 2C_{3\mathrm{A}} + 2C_{4\mathrm{A}} \log r + 3C_{4\mathrm{A}}$$

$$w_{\mathrm{A}}''' = \frac{2C_{2\mathrm{A}}}{r^3} + \frac{2C_{4\mathrm{A}}}{r}$$

$$Q_r = -D\left(w''' + \frac{1}{r}w'' - \frac{1}{r^2}w'\right) = -D\frac{4C_{4\mathrm{A}}}{r}$$

ゆえに, $C_{4\mathrm{A}} = P/8\pi D$ (a)

$(M_r)_{r=a} = 0$ より

$$-\frac{1-\nu}{a^2}C_{2\mathrm{A}} + 2(1+\nu)C_{3\mathrm{A}} + \{2(1+\nu)\log a + 3 + \nu\}C_{4\mathrm{A}} = 0 \quad (b)$$

$(w_{\mathrm{A}})_{r=a} = 0$ より

$$C_{1\mathrm{A}} + C_{2\mathrm{A}} \log a + C_{3\mathrm{A}} a^2 + C_{4\mathrm{A}} a^2 \log a = 0 \quad (c)$$

[問題 B]

$$w_{\mathrm{B}} = C_{1\mathrm{B}} + C_{2\mathrm{B}} \log r + C_{3\mathrm{B}} r^2 + C_{4\mathrm{B}} r^2 \log r$$

$(w_{\mathrm{B}})_{r=0} =$ 有限より $C_{2\mathrm{B}} = 0$ (d)

$(M_r)_{r=0} = (M_\theta)_{r=0} =$ 有限より $C_{4\mathrm{B}} = 0$ (e)

$(M_r)_{r=b} = -D(1+\nu) \cdot 2C_{3\mathrm{B}} = M_1$ (f)

ここで, $(w_{\mathrm{A}})_{r=b} = (w_{\mathrm{B}})_{r=b}$ より

$$C_{1A} + C_{2A} \log b + C_{3A} b^2 + C_{4A} b^2 \log b = C_{1B} + C_{3B} b^2 \qquad (\text{g})$$

$(M_{rA})_{r=b} = (M_{rB})_{r=b}$ より

$$-D\left[-\frac{1-\nu}{b^2} C_{2A} + 2(1+\nu) C_{3A} + \{2(1+\nu) \log b + 3 + \nu\} C_{4A}\right]$$

$$= -D(1+\nu)\cdot 2C_{3B} \qquad (\text{h})$$

$(w_A')_{r=b} = (w_B')_{r=b}$ より

$$\frac{C_{2A}}{b} + 2C_{3A} b + C_{4A} b(2 \log b + 1) = 2C_{3B} b \qquad (\text{i})$$

以上より未定係数を決定すると

$r \geqq b$ の解として

$$w_A = \frac{P}{8\pi D}\left[(a^2 - r^2)\cdot\left(1 + \frac{1}{2}\cdot\frac{1-\nu}{1+\nu}\cdot\frac{a^2 - b^2}{a^2}\right) + (b^2 + r^2) \log \frac{r}{a}\right] \qquad (10.56)$$

$r \leqq b$ の解として次式を得る.

$$w_B = \frac{P}{8\pi D}\left[(b^2 + r^2) \log \frac{b}{a} + (a^2 - b^2)\frac{(3+\nu)a^2 - (1-\nu)r^2}{2(1+\nu)a^2}\right] \qquad (10.57)$$

第 10 章の問題

1. 内部に孔のない任意形状の薄板の外周に沿って一定曲げモーメント M_n を作用させると, 内部の曲げモーメントはどの方向も M_n に等しく, ねじりモーメントは 0 であることを証明せよ. また, このときの板の変形は球面の一部になることを示せ. ただし, n は外周における法線方向を意味する.

2. 【例題 4】(図 10.18) において最大引張応力とその発生場所を示せ. ただし, 円板半径 a, 板厚 h, ヤング率 E, ポアソン比 ν とする.

3. 半径 a の単純支持円板の中心部の半径 c 内に等分布荷重 q が作用するときのたわみ を求めよ.

4. 半径 a の周辺固定円板の $r=b$ の円周上に集中荷重が作用し, その全荷重が P であるとき変位を求めよ.

5. 周辺が単純支持の円板 (半径 a) の中心から $r=b$ の位置の一点に集中荷重 P が作用するとき, 中心の変位 w_0 はいくらになるか.

第11章 薄肉円筒の変形と応力

11.1 基礎式

図 11.1 に示す薄肉円筒形圧力容器や図 11.2 のような貯水タンクなどは，実際に数多く使用されている．図 11.1 の円筒形圧力容器では端部が円板になっており，円板と円筒の理論を組み合わせることにより多くの実際的問題を解決することができる．

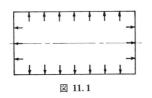

図 11.1

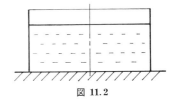

図 11.2

円すい形薄肉容器や直径が変化する軸対称薄肉容器も実際に使用されているが，これらに関する理論は円筒の理論を修得すれば独学できると思われるので，本書では取り扱わない．

円筒の問題に関する基礎微分方程式を導くには，弾性力学のこれまでの問題に対するアプローチと同様，まず平衡条件を考えなければならない．次に力と変形または応力とひずみの関係に注目することにより，問題を変位に関する微分方程式に導くことになる．

ここでは，図 11.1 と図 11.2 のように形状と外力がともに軸対称である問題のみを扱う．

〔平衡条件〕

図 11.3 のように，半径 a の薄肉円筒に内圧 p が作用している問題において，円筒の微小要素 □ABCD の平衡条件を考える．図 11.4(a) と (b) は，□ABCD に働く力とモーメントを別々に図示したものである．

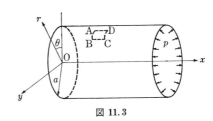

図 11.3

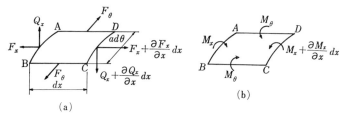

図 11.4

軸対称性より円周方向変位は0であり，力，曲げモーメントおよび半径方向変位 u_r は円周方向の位置 θ によって変化しない．また，ねじりモーメントは作用しない．

　これらのことを考慮すると，(1) x 方向の力，(2) 半径方向の力，(3) y 軸まわりの回転モーメント，の作用下で □ABCD の平衡を考えればよく，他の平衡条件は満たされていることがわかる．

　(1)～(3) の平衡条件を式で表わすと，次のようになる．

$$\left.\begin{array}{l}\left(F_x+\dfrac{dF_x}{dx}dx\right)ad\theta-F_x ad\theta=0 \\[2mm] \left(Q_x+\dfrac{dQ_x}{dx}dx\right)ad\theta-Q_x ad\theta+F_\theta dx\cdot d\theta-pad\theta\cdot dx=0 \\[2mm] \left(M_x+\dfrac{dM_x}{dx}dx\right)ad\theta-M_x ad\theta-\left(Q_x+\dfrac{dQ_x}{dx}dx\right)ad\theta\cdot dx \\[2mm] \quad+\dfrac{1}{2}pad\theta(dx)^2=0\end{array}\right\} \tag{11.1}$$

上式から高次の微小量を省略して整理すると

$$\left.\begin{array}{l}\dfrac{dF_x}{dx}ad\theta\cdot dx=0 \\[2mm] \left(\dfrac{dQ_x}{dx}+\dfrac{F_\theta}{a}-p\right)ad\theta\cdot dx=0 \\[2mm] \left(\dfrac{dM_x}{dx}-Q_x\right)ad\theta\cdot dx=0\end{array}\right\} \tag{11.2}$$

　式 (11.2) の第1式より

$$F_x=一定値 \tag{11.3}$$

となる．一定値の値は問題によって決まるが，式 (11.3) は円筒が単に軸方向に引張りまたは圧縮を受ける場合を意味しており，この場合の応力または

変形は容易に求めることができる. 以下では $F_x=0$ として解析を進めるが, $F_x \neq 0$ の場合には, この場合の解を単に重ね合わせればよい.

結局, 平衡条件からは次の二つの式が基本式となる.

$$\frac{dQ_x}{dx}+\frac{1}{a}F_\theta = p, \qquad \frac{dM_x}{dx}-Q_x=0 \qquad (11.4)$$

〔力と変形〕

平衡条件から2個の式が得られるが, 未知量は3個 (F_θ, Q_x, M_x) であるので変形後の形を考えないと問題は解けない. これは, 材料力学で学んだ はりの問題の不静定問題と同じ性質である.

式 (10.17) は, 薄肉平板における曲げモーメントと曲率半径および変位との関係を示しているが, ここで取り扱う問題は, θ 方向には最初から曲がっており, 曲率半径 a をもっていることに注意しなければならない.

図 11.3 で内圧 p が作用すると円筒の半径は変化するが, これは円周方向に作用する σ_θ によって円周方向に伸びることによるものであり, 曲げモーメント M_θ によるものではない. すなわち, 式 (10.17) を図 11.3 の微小要素 □ABCD に適用する場合には, 何らかの初期モーメントによって円筒曲げ ($\rho_x=\infty$, $\rho_y=a$) を受けており, その後の変形が図 11.3 の内圧 p によるものと解釈すればよい.

したがって, $w=-u_r$ (u_r：半径方向変位) とおけば,

$$\left.\begin{array}{l} M_x=-D\left[\dfrac{\partial^2 w}{\partial x^2}+\nu\left(\dfrac{\partial w}{r\partial r}+\dfrac{1}{r^2}\cdot\dfrac{\partial^2 w}{\partial \theta^2}\right)\right] \\[3mm] M_\theta=-D\left[\left(\dfrac{\partial w}{r\partial r}+\dfrac{1}{r^2}\cdot\dfrac{\partial^2 w}{\partial \theta^2}\right)+\nu\dfrac{\partial^2 w}{\partial x^2}\right] \end{array}\right\} \qquad (11.5)$$

のように書けるが, $\partial u_r/\partial\theta=-\partial w/\partial\theta=0$ および $\partial u_r/\partial r=-\partial w/\partial r=0$ であるから, 式 (11.5) は次のようになる.

$$M_x=-D\frac{d^2 w}{dx^2}, \qquad M_\theta=-\nu D\frac{d^2 w}{dx^2}=\nu M_x \qquad (11.6)$$

次に, F_x, F_θ と変形の関係を考える. 変形とひずみ, フックの法則による応力とひずみの関係を考慮すると以下の式が導ける (u は x 方向変位).

$$\varepsilon_x=\frac{du}{dx}, \qquad \varepsilon_\theta=\frac{u_r}{a}=-\frac{w}{a} \qquad (11.7)$$

$$\sigma_x = \frac{E}{1-\nu^2}(\varepsilon_x + \nu\varepsilon_\theta), \qquad \sigma_y = \frac{E}{1-\nu^2}(\varepsilon_\theta + \nu\varepsilon_x) \qquad (11.8)$$

したがって,

$$\left.\begin{array}{l} F_x = \sigma_x \cdot h \cdot 1 = \dfrac{Eh}{1-\nu^2}(\varepsilon_x + \nu\varepsilon_\theta) = \dfrac{Eh}{1-\nu^2}\left(\dfrac{du}{dx} - \nu\dfrac{w}{a}\right) \\[3mm] F_\theta = \sigma_\theta \cdot h \cdot 1 = \dfrac{Eh}{1-\nu^2}(\varepsilon_\theta + \nu\varepsilon_x) = \dfrac{Eh}{1-\nu^2}\left(-\dfrac{w}{a} + \nu\dfrac{du}{dx}\right) \end{array}\right\} \qquad (11.9)$$

式 (11.3) およびその後の説明で $F_x = 0$ の問題を取り扱うことにしたから, $du/dx = \nu w/a$ であり, これから

$$F_\theta = -\frac{Eh}{a}w \qquad (11.10)$$

〔基礎微分方程式〕

平衡条件および力と変形の関係から得られた式 (11.4), (11.6) および式 (11.10) から, w に関する次の微分方程式が得られる.

$$\frac{d^2}{dx^2}\left(D\frac{d^2w}{dx^2}\right) + \frac{Eh}{a^2}w = -p \qquad (11.11)$$

$h =$ 一定の場合には,

$$\frac{d^4w}{dx^4} + \frac{Eh}{Da^2}w = -\frac{p}{D} \qquad (11.12)$$

ここで, 微分方程式 (11.12) の解の表現を簡単にするため, 次のように新しい記号 β を使う.

$$\frac{d^4w}{dx^4} + 4\beta^4 w = -\frac{p}{D} \qquad (11.13)$$

ここで,

$$\beta^4 = \frac{Eh}{4Da^2} = \frac{3(1-\nu^2)}{a^2h^2}, \quad \text{または} \quad \beta = \frac{[3(1-\nu^2)]^{1/4}}{\sqrt{ah}} \qquad (11.14)$$

したがって, 式 (11.13) の解は次のようになる.

$$w = e^{\beta x}(C_1 \cos\beta x + C_2 \sin\beta x) + e^{-\beta x}(C_3 \cos\beta x + C_4 \sin\beta x) - \frac{p}{4\beta^4 D} \qquad (11.15)$$

または,

$$w = \cosh\beta x(C_1' \cos\beta x + C_2' \sin\beta x)$$
$$+ \sinh\beta x(C_3' \cos\beta x + C_4' \sin\beta x) - \frac{p}{4\beta^4 D} \qquad (11.16)$$

$C_1 \sim C_4$ または $C_1' \sim C_4'$ は境界条件から決定される.

以下の量は，種々の問題を実際に解く際にしばしば必要となるであろう.

$$\frac{dw}{dx} = \beta e^{\beta x}(C_1 \cos \beta x + C_2 \sin \beta x) + \beta e^{\beta x}(-C_1 \sin \beta x + C_2 \cos \beta x)$$

$$- \beta e^{-\beta x}(C_3 \cos \beta x + C_4 \sin \beta x) + \beta e^{-\beta x}(-C_3 \sin \beta x + C_4 \cos \beta x)$$

$$\frac{d^2 w}{dx^2} = 2\beta^2 e^{\beta x}(-C_1 \sin \beta x + C_2 \cos \beta x) - 2\beta^2 e^{-\beta x}(-C_3 \sin \beta x + C_4 \cos \beta x)$$

$$\frac{d^3 w}{dx^3} = 2\beta^3 e^{\beta x}(-C_1 \sin \beta x + C_2 \cos \beta x) - 2\beta^3 e^{\beta x}(C_1 \cos \beta x + C_2 \sin \beta x)$$

$$+ 2\beta^3 e^{-\beta x}(-C_3 \sin \beta x + C_4 \cos \beta x) + 2\beta^3 e^{-\beta x}(C_3 \cos \beta x + C_4 \sin \beta x)$$

11.2 薄肉円筒に関する種々の問題

【例題 1】

図 11.5 のたわみ と曲げモーメントを求めよ. ただ し，P は円周方向単位長さ当りの量である.

【解】

式 (11.15) の一般解の係数 $C_1 \sim C_4$ を境界条件から 決める.

$x \to \infty$ で $w \to 0$ より $C_1 = 0$, $C_2 = 0$

したがって，

$$w = e^{-\beta x}(C_3 \cos \beta x + C_4 \sin \beta x) \tag{a}$$

$x = 0$ で $M_x = 0$ より

$$-D\left(\frac{d^2 w}{dx^2}\right)_{x=0} = 0 \tag{b}$$

$x = 0$ で $Q_x = P$ であるから，式 (11.4) を考慮すると

$$\left(\frac{dM_x}{dx}\right)_{x=0} = -D\left(\frac{d^3 w}{dx^3}\right)_{x=0} = P \tag{c}$$

式 (a), (b), (c) より

$$C_3 = -\frac{P}{2\beta^3 D}, \qquad C_4 = 0 \tag{d}$$

したがって，

$$w = -\frac{P}{2\beta^3 D} e^{-\beta x} \cos \beta x \tag{e}$$

$$M_x = \frac{P}{\beta} e^{-\beta x} \sin \beta x \tag{f}$$

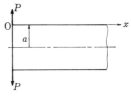

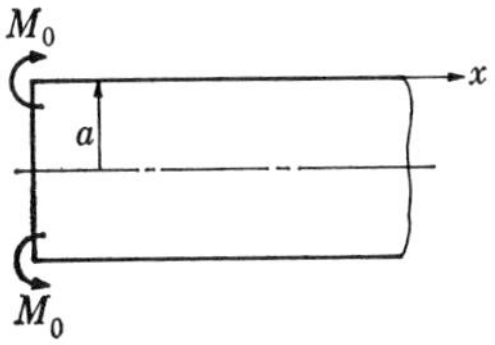

図 11.5

図 11.6

【例題 2】

図 11.6 のたわみ と曲げモーメントを求めよ.

【解】

$x \to \infty$ で $w \to 0$ より　$C_1 = 0$, $C_2 = 0$ である．したがって，

$$w = e^{-\beta x}(C_3 \cos \beta x + C_4 \sin \beta x) \tag{a}$$

$x = 0$ で $M_x = M_0$ より

$$-D\left(\frac{d^2 w}{dx^2}\right)_{x=0} = M_0 \tag{b}$$

$x = 0$ で $Q_x = 0$ より

$$-D\left(\frac{d^3 w}{dx^3}\right)_{x=0} = 0 \tag{c}$$

式 (a)，(b)，(c) より

$$C_3 = -\frac{M_0}{2\beta^2 D}, \qquad C_4 = \frac{M_0}{2\beta^2 D} \tag{d}$$

したがって

$$w = \frac{M_0}{2\beta^2 D} e^{-\beta x}(\sin \beta x - \cos \beta x) \tag{e}$$

$$M_x = M_0 e^{-\beta x}(\cos \beta x + \sin \beta x) \tag{f}$$

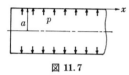

図 11.7

【例題 3】

図 11.7 のたわみ w を求めよ．

【解】

【例題 1】と【例題 2】より $C_1 = C_2 = C_3 = C_4 = 0$ である．したがって，

$$w = -\frac{p}{4\beta^4 D} = -\frac{pa^2}{Eh}$$

この解は，次のようにしても得られる．

平衡条件より

$$\sigma_\theta = \frac{pa}{h}$$

したがって，$\varepsilon_\theta = \sigma_\theta/E = pa/Eh$ となる．

$$w = -a\varepsilon_\theta = -\frac{pa^2}{Eh} \quad （半径の増加する方向の変位）$$

第11章の問題

1.　図 11.8 の $x = 0$ でのたわみ w と曲げモーメント M_x を求めよ．

2.　図 11.9 において，$a \ll l$ の場合，固定壁の近傍の w と M_x を求めよ．

3.　図 11.10 で，$a \ll l$ の場合に円筒と円板の接合部に発生する最大応力を求めよ．ただし，円筒と円板の厚さはともに h とする．

　　（この問題は，端部が円板でなく曲率をもった鏡板の強度を評価する場合に代用として利用すれば安全側の評価となる）．

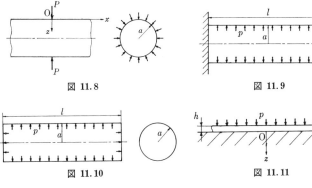

図 11.8　　　　　　　　　　図 11.9

図 11.10　　　　　　　　　図 11.11

4. 図 11.11 のように，弾性床の上に置かれた はり が分布荷重 p を受ける場合の微分方程式は式 (11.12) と同形式になることを示せ．ただし，弾性床のばね定数は k とする．

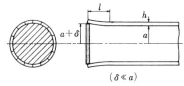

$(\delta \ll a)$

図 11.12

5. 図 11.12 に示すように，内半径 a の長い薄肉パイプの自由端に半径 $(a+\delta)$ の剛体円板をはめ込む．ただし，パイプの端から l の長さだけ軸方向にスリットが入っており，この部分は n 個に等分割されている．このとき，自由端から距離 l の位置における最大曲げ応力を求めよ．ただし，n は十分大きく，分割された個々の断面は長方形で近似できるものとする．また，剛体円板とパイプ間の摩擦は無視できるものとする．ヤング率は E，ポアソン比は ν である．

第12章 熱応力

　機械や構造物の温度が場所によって不均一であれば，場所によって熱膨張，収縮の程度が異なる．たとえば，周囲より温度の高い部分は膨張しようとするが，周囲はその膨張を抑制することになる．自由に膨張，収縮ができれば熱応力は生じないが，周囲の物体または周囲の構造によって自由な熱変形が妨げられたり，逆に周囲に影響を及ぼすことによって**熱応力**は生じる．したがって，発生する熱応力の大きさは応力0状態に相当する自由な変形からの変化分に比例することになる．

12.1　長方形板に生ずる熱応力——熱応力の簡単な例

　幅 h，長さ l，板厚 b の長方形板に温度変化を与える場合を考える．線膨張係数を α とする．周囲の拘束条件として図 12.1(a) のように自由な場合と (b) のように長手方向の伸び・縮みを拘束する場合を考える．

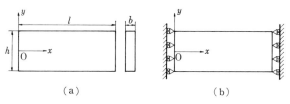

図 12.1

（1）　温度上昇 $\Delta T(x, y) = T_0$（一定）の場合

　図 12.1(a) では，熱ひずみは $\varepsilon_{xT} = \varepsilon_{yT} = \alpha T_0$，$\gamma_{xyT} = 0$ となるが，応力は $\sigma_x = \sigma_y = \tau_{xy} = 0$ である．

　図 12.1(b) では，長手方向の伸び $\delta = \alpha T_0 l$ が拘束されるから応力が生じる．(b) の状態は，l が $l(1 + \alpha T_0)$ に膨張し，その後圧縮荷重 P によって l まで戻されたと考えると

$$-\delta = \frac{Pl(1 + \alpha T_0)}{Ebh(1 + \alpha T_0)^2} \simeq \frac{Pl}{Ebh} \tag{12.1}$$

したがって，

$$P = -\alpha T_0 E b h \tag{12.2}$$

結局，熱応力は次のようになる．

$$\sigma_x = -\alpha T_0 E, \qquad \sigma_y = 0, \qquad \tau_{xy} = 0 \tag{12.3}$$

（2） $\Delta T(x, y) = 2T_0 y/h$ の場合

y の値によって伸び・縮みが異なるので，図 12.1(a) の場合でも，どの程度の熱応力が発生するかすぐにはわからない．

図 12.1(b) の場合を考えてみると，x 方向の熱ひずみ $\varepsilon_{xT} = 2\alpha T_0 y/h$ が拘束されるから，σ_x は次のようになる．

$$\sigma_x = -2\alpha T_0 E y/h \tag{12.4}$$

この状態では，$x=0$ または $x=l$ の端部で x 方向の合力は 0 となるが，次式で表わされる曲げモーメントが作用している．

$$M = \frac{bh^2}{6} \alpha T_0 E \tag{12.5}$$

ここで，M の符号は板を下に凸となるように曲げる作用のものを正とする．

次に，図 12.1(a) の応力の状態を知るため，図 12.1(b) の端面に作用している式 (12.5) の曲げモーメントと逆符号の曲げモーメントを図 12.1(b) の状態に重ね合わせる．この重ね合せによって両端面は自由端となり，式 (12.4) で表わされる内部の応力も打ち消されるので，結局，図 12.1(a) の状態では熱応力は発生しないことが理解できる．

以上示したように，温度分布が直線的な場合は熱応力は発生せず，自由に膨張，収縮した状態になるので長方形板は円弧状になる．

（3） $\Delta T(x, y) = T_0(2y/h)^2$ の場合

この場合も，(2) の場合と同様，図 12.1(a) でどのような熱応力が発生するかはすぐにはわからない．

図 12.1(b) の場合を考えてみると，x 方向の熱ひずみ $\varepsilon_{xT} = \alpha T_0(2y/h)^2$ が拘束されるから，σ_x は次のようになる．

$$\sigma_x = -\alpha T_0 E(2y/h)^2 \tag{12.6}$$

この状態では，$x=0$ または $x=l$ の端部で曲げモーメントは作用しないが，次式で表わされる合力 P が作用している．

$$P = \int_{-h/2}^{h/2} \sigma_x b dy = -\frac{bh}{3} \alpha T_0 E \tag{12.7}$$

次に，図 12.1(a) の状態の応力を知るために，図 12.1(b) の端面に作用
している式 (12.7) の圧縮荷重と大きさが等しい引張荷重を図 12.1(b) の状
態に重ね合わせる．端面に作用させた引張荷重によって，板の内部には次式
の応力が生ずる．

$$\sigma_x' = -\frac{P}{bh} = \frac{1}{3}\alpha T_0 E \tag{12.8}$$

式 (12.6) と式 (12.8) を重ね合わせると，板の内部の応力は次のように
なる．

$$\sigma_x = \frac{1}{3}\alpha T_0 E - \alpha T_0 E\left(\frac{2y}{h}\right)^2 \tag{12.9}$$

端面に重ね合わせる引張荷重を端面に一様に分布する応力で実現すれば，
$x=0$, $x=l$ の端面は完全な自由表面とはならず，やはり式 (12.9) で与えら
れる応力が残ることになる．しかし，式 (12.9) を端面に沿って積分したも
の，すなわち x 方向合力は 0 となるので，式 (12.9) の応力と逆符号の応力
分布を端面に重ね合わせて完全に自由表面を実現すると，その影響は Saint-
Venant の原理によって端面近傍のみに限られ内部の遠方には及ばない．

したがって，図 12.1(a) の状態の熱応力の分布は，端面近傍を別にして式
(12.9) で与えられると考えてよい．

以上の問題において，熱応力が生じるしくみをフックの法則から考えてみ
ると次のようになる．温度変化を T とすると

$\alpha T =$ 自由膨張（または収縮）によるひずみ

最終状態のひずみ＝自由膨張（収縮）によるひずみ＋応力の作用に
　　　　　　　よるひずみ

応力の作用によるひずみはフックの法則に従う．したがって，上の関係は
次式のように表現できる．

〔直交座標系〕

$$\left.\begin{array}{l}\varepsilon_x = \alpha T + \dfrac{1}{E}[\sigma_x - \nu(\sigma_y + \sigma_z)] \\[2mm] \varepsilon_y = \alpha T + \dfrac{1}{E}[\sigma_y - \nu(\sigma_z + \sigma_x)] \\[2mm] \varepsilon_z = \alpha T + \dfrac{1}{E}[\sigma_z - \nu(\sigma_x + \sigma_y)]\end{array}\right\} \tag{12.10}$$

$$\gamma_{xy}=\tau_{xy}/G, \qquad \gamma_{yz}=\tau_{yz}/G, \qquad \gamma_{zx}=\tau_{zx}/G \qquad (12.11)$$

〔円柱座標系〕

$$\left.\begin{array}{l} \varepsilon_r=\alpha T+\dfrac{1}{E}[\sigma_r-\nu(\sigma_\theta+\sigma_z)] \\[2mm] \varepsilon_\theta=\alpha T+\dfrac{1}{E}[\sigma_\theta-\nu(\sigma_z+\sigma_r)] \\[2mm] \varepsilon_z=\alpha T+\dfrac{1}{E}[\sigma_z-\nu(\sigma_r+\sigma_\theta)] \end{array}\right\} \qquad (12.12)$$

$$\gamma_{r\theta}=\tau_{r\theta}/G, \qquad \gamma_{\theta z}=\tau_{\theta z}/G, \quad \gamma_{zr}=\tau_{zr}/G \qquad (12.13)$$

上の関係は，ひずみが自由膨張（または収縮）の量に等しければ拘束がなく，式 (12.10) または式 (12.12) の右辺第 2 項に相当する熱応力は生じないことを意味している．また，自由膨張および収縮によるひずみは，せん断ひずみに寄与しないことに注意すべきである．

〖問題 12.1.1〗
図 12.1 において $\varDelta T(x,y)=T_0(2y/h)^n$ の場合の熱応力を求めよ．また，$\varDelta T(x,y)=T_0\{1-(2y/h)^n\}$ の場合の熱応力を以上の解を利用して求めよ．

〖問題 12.1.2〗
熱応力問題を有限要素法で解くには，節点に次式で表わされる等価な節点力が作用するものとして解けばよいことを示せ．

$$\{F\}=-\int [N]^T[D]\{\varepsilon_0\}d\,\mathrm{vol}$$

ただし，上式で $\{F\}$ は要素の節点力，$\{\varepsilon_0\}$ は拘束がないとしたときの熱ひずみで，たとえば平面応力の場合は次のようになる．

$$\{\varepsilon_0\}=\left\{\begin{array}{c} \alpha T \\ \alpha T \\ 0 \end{array}\right\}$$

12.2 円板に生ずる熱応力

円板中の温度分布 T が中心からの距離 r だけの関数である場合（図 12.2）の熱応力を調べる．すなわち，この問題は平面応力問題であり，温度分布は

$$T=T(r) \qquad (12.14)$$

である．

先に述べたように，熱変形の拘束によって応力が発生するとすれば，$\sigma_r,$

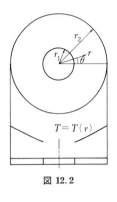

図 12.2

σ_θ および $\tau_{r\theta}$ の応力の発生が考えられる. しかし, 問題の軸対称性から $\tau_{r\theta}=0$ であるので, 平衡方程式は次のようになる (式 (4.6) 参照).

$$\frac{d\sigma_r}{dr}+\frac{\sigma_r-\sigma_\theta}{r}=0 \qquad (12.15)$$

式 (12.12) において $\sigma_z=0$ として, σ_r と σ_θ を αT と ε_r, ε_θ で表わすと,

$$\left.\begin{array}{l} \sigma_r=\dfrac{E}{1-\nu^2}[\varepsilon_r+\nu\varepsilon_\theta-(1+\nu)\alpha T] \\[2mm] \sigma_\theta=\dfrac{E}{1-\nu^2}[\varepsilon_\theta+\nu\varepsilon_r-(1+\nu)\alpha T] \end{array}\right\} \qquad (12.16)$$

式 (12.16) を式 (12.15) に代入すると

$$r\frac{d}{dr}(\varepsilon_r+\nu\varepsilon_\theta)+(1-\nu)\cdot(\varepsilon_r-\varepsilon_\theta)-(1+\nu)\alpha r\frac{dT}{dr}=0 \qquad (12.17)$$

ε_r と ε_θ を半径方向変位 u で表わすと

$$\varepsilon_r=\frac{du}{dr}, \qquad \varepsilon_\theta=\frac{u}{r} \qquad (12.18)$$

であるから, これらを式 (12.17) に代入すると

$$\frac{d^2u}{dr^2}+\frac{1}{r}\cdot\frac{du}{dr}-\frac{u}{r^2}=(1+\nu)\alpha\frac{dT}{dr} \qquad (12.19)$$

$r=e^t$ と置いて, 上式の一般解 u_1 を求めると

$$u_1=C_1e^t+C_2e^{-t}=C_1r+\frac{C_2}{r} \qquad (12.20)$$

次に, $u=e^tf$ と置いて特解 u_2 を求める.

$$\frac{d^2f}{dt^2}+2\frac{df}{dt}=(1+\nu)\alpha\frac{dT}{dt} \qquad (12.21)$$

$$\frac{df}{dt}+2f=(1+\nu)\alpha T \qquad (12.22)$$

$D=d/dt$ とすると

$$f=\frac{(1+\nu)\alpha}{D+2}T=(1+\nu)\alpha e^{-2t}\int_{t_1}^t e^{2t}Tdt$$

したがって,

$$u_2=(1+\nu)\alpha e^{-t}\int_{r_1}^r e^tTdr=(1+\nu)\alpha\frac{1}{r}\int_{r_1}^r rTdr \qquad (12.23)$$

結局，式 (12.19) の解は次のようになる.

$$u = u_1 + u_2 = C_1 r + \frac{C_2}{r} + (1+\nu)\alpha\frac{1}{r}\int_{r_1}^{r} Tr\,dr \tag{12.24}$$

上式は，境界条件から C_1 と C_2 の値を定めることにより種々の問題の解を得るのに利用できる.

応力 σ_r，σ_θ は式 (12.24) の u から ε_r，ε_θ を計算し，式 (12.16) に代入すれば求められ次のようになる.

$$\left.\begin{array}{l} \sigma_r = \dfrac{E}{1-\nu^2}\Big[C_1(1+\nu) - C_2(1-\nu)\dfrac{1}{r^2}\Big] - \alpha E\dfrac{1}{r^2}\displaystyle\int_{r_1}^{r} Tr\,dr \\[3mm] \sigma_\theta = \dfrac{E}{1-\nu^2}\Big[C_1(1+\nu) + C_2(1-\nu)\dfrac{1}{r^2}\Big] - \alpha ET + \alpha E\dfrac{1}{r^2}\displaystyle\int_{r_1}^{r} Tr\,dr \end{array}\right\} \tag{12.25}$$

【例題 1】 外周自由の中実円板の場合

$r=0$ で変位有限という条件から $C_2=0$ である.

また，$r=r_2$ で $\sigma_r=0$ より $C_1 = (1-\nu)\dfrac{\alpha}{r_2{}^2}\displaystyle\int_0^{r_2} Tr\,dr$ である.

したがって，

$$\left.\begin{array}{l} \sigma_r = \alpha E\Big(\dfrac{1}{r_2{}^2}\displaystyle\int_0^{r_2} Tr\,dr - \dfrac{1}{r^2}\displaystyle\int_0^{r} Tr\,dr\Big) \\[3mm] \sigma_\theta = \alpha E\Big(\dfrac{1}{r_2{}^2}\displaystyle\int_0^{r_2} Tr\,dr - T + \dfrac{1}{r^2}\displaystyle\int_0^{r} Tr\,dr\Big) \end{array}\right\} \tag{12.26}$$

なお，以上の計算においては次の積分を考慮しなければならない.

$$\lim_{r\to 0}\frac{1}{r}\int_0^{r} Tr\,dr = 0, \qquad \lim_{r\to 0}\frac{1}{r^2}\int_0^{r} Tr\,dr = \frac{1}{2}T(0)$$

〔問題 12.2.1〕

周辺自由の中実円板の中心の温度が高く，中心から外周まで温度が直線的に降下している. 温度差が 100℃，$\alpha = 1.0\times10^{-5}\,1/℃$，$E = 196\,\mathrm{GPa}$ のとき，外周に生ずる円周方向の引張応力 σ_θ はどれほどになるか. （注）σ_θ の値は円板の大きさとは無関係である.

〔問題 12.2.2〕

前問と同様な問題で，温度分布が $T = T_0\{1-(r/r_0)^n\}$ で与えられる場合の熱応力を求めよ. また，$T_0=$ 一定であるとき $n<1$ と $n>1$ のどちらの場合が外周での σ_θ が大きくなるか検討せよ.

〔問題 12.2.3〕

内外周自由な円板における熱応力を式 (12.26) の形式で求めよ. ただし，内半径を r_1，外半径を r_2 とする.

12.3　円筒に生ずる熱応力

　図 12.2 の板厚が円板の径に比べて大きい場合，すなわち円柱の場合を考える．しかも，軸方向の変位 w が完全に拘束される場合を扱う．この場合には，問題は平面ひずみ問題（$\varepsilon_z=0$）となり，多くの実際問題の熱応力は前節の円板についての解と本節の円筒についての解から推定できる．

　$\varepsilon_z=0$ としたから，式 (12.12) より

$$\sigma_z=\nu(\sigma_r+\sigma_\theta)-\alpha TE \tag{12.27}$$

式 (12.27) を式 (12.12) に代入すると

$$\left.\begin{aligned}
\varepsilon_r&=(1+\nu)\,\alpha T+\frac{1-\nu^2}{E}\Big(\sigma_r-\frac{\nu}{1-\nu}\sigma_\theta\Big)\\[6pt]
\varepsilon_\theta&=(1+\nu)\,\alpha T+\frac{1-\nu^2}{E}\Big(\sigma_\theta-\frac{\nu}{1-\nu}\sigma_r\Big)
\end{aligned}\right\} \tag{12.28}$$

　ε_r と ε_θ を変位 u で表わし，前節と同様に平衡方程式 (12.15) を u で表現すると次のようになる．

$$\frac{d^2u}{dr^2}+\frac{1}{r}\cdot\frac{du}{dr}-\frac{1}{r^2}u=\frac{1+\nu}{1-\nu}\alpha\frac{dT}{dr} \tag{12.29}$$

　この微分方程式は式 (12.19) の右辺の係数が異なるだけであるから，解は次のようになる．

$$u=C_1r+\frac{C_2}{r}+\frac{1+\nu}{1-\nu}\alpha\frac{1}{r}\int_{r_1}^{r}Trdr \tag{12.30}$$

$$\left.\begin{aligned}
\sigma_r&=\frac{E}{(1+\nu)\cdot(1-2\nu)}C_1-\frac{E}{(1+\nu)}\cdot\frac{C_2}{r^2}-\frac{\alpha E}{1-\nu}\cdot\frac{1}{r^2}\int_{r_1}^{r}Trdr\\[6pt]
\sigma_\theta&=\frac{E}{(1+\nu)\cdot(1-2\nu)}C_1+\frac{E}{(1+\nu)}\cdot\frac{C_2}{r^2}-\frac{\alpha ET}{1-\nu}+\frac{\alpha E}{1-\nu}\cdot\frac{1}{r^2}\int_{r_1}^{r}Trdr
\end{aligned}\right\} \tag{12.31}$$

　未定係数 C_1, C_2 は前節と同様に境界条件から決定する．

【例題 2】　周辺自由の中実円柱の場合

　$r=0$ で $u=$ 有限より　$C_2=0$ である．

　$r=r_2$ で $\sigma_r=0$ より

$$C_1=\frac{(1+\nu)\cdot(1-2\nu)}{1-\nu}\alpha\frac{1}{r_2{}^2}\int_{0}^{r_2}Trdr$$

したがって，

$$u=\frac{(1+\nu)\cdot(1-2\nu)}{(1-\nu)}\alpha\frac{r}{r_2{}^2}\int_{0}^{r_2}Trdr+\frac{1+\nu}{1-\nu}\alpha\frac{1}{r}\int_{0}^{r}Trdr \tag{12.32}$$

$$\sigma_r = \frac{\alpha E}{1-\nu} \cdot \frac{1}{r_2^2} \int_0^{r_2} T r\, dr - \frac{\alpha E}{1-\nu} \cdot \frac{1}{r^2} \int_0^{r} T r\, dr \tag{12.33}$$

$$\sigma_\theta = \frac{\alpha E}{1-\nu} \cdot \frac{1}{r_2^2} \int_0^{r_2} T r\, dr - \frac{\alpha E T}{1-\nu} + \frac{\alpha E}{1-\nu} \cdot \frac{1}{r^2} \int_0^{r} T r\, dr \tag{12.34}$$

σ_z は式 (12.33) と式 (12.34) を式 (12.27) に代入すれば得られる.

第 12 章の問題

1. 300°C の蒸気で満たされている圧力容器に瞬間的に 20°C の冷却水が供給されたとき, 圧力容器内の内壁に生ずる引張応力の上限値はどの程度か. ただし, 線膨張係数 α は $\alpha = 1 \times 10^{-5}$ 1/°C, ヤング率 $E = 206$ GPa, ポアソン比 $\nu = 0.3$ とする.

2. 直径 d のプラスチックの球 A の表面に金属材料 B をごく薄くコーティングする. この球を高温, 高圧の液体に入れる. 液体の圧力は p で, 球の温度は全体均一に ΔT だけ上昇するものとする. A と B の線膨張係数をそれぞれ α_A, α_B, ヤング率, ポアソン比を E_A, E_B および ν_A, ν_B とする. このとき, 材料 B 中の周方向応力 σ_θ と半径方向応力 σ_r を決定せよ.

3. 図 12.1 (a) のように両端自由な長方形板内の温度分布が

$$T = T_1 \sin \frac{\pi y}{h} + T_2 \cos \frac{\pi y}{h}$$

であるとき, 板の中央部に発生する熱応力を求めよ. ただし, 線膨張係数：α, ヤング率：E とする.

第13章　接触応力

　2 個の物体が接触すると，接触面での変形は互いに影響を及ぼし合う．このとき，接触面に働く力によって生ずる応力を**接触応力**という．接触応力は，圧延ロール，車輪とレール，歯車および軸受けなどの実際問題において重要である．

　接触応力の解析において基本となるのは，二次元問題では半無限板の縁に作用する集中力 (図 13.1) の解，三次元問題では半無限体の縁に作用する集中力 (図 13.2) の解である．一般に，接触応力が問題となる場合は，2 個の物体が接触している接触面の面積は物体の表面積に比較して十分小さいので，図 13.1 と図 13.2 の解を基本にして解析すれば実用的に十分な精度の解が得られると考えられている．この考えをもとにした理論は **Hertz の接触理論** として知られている．

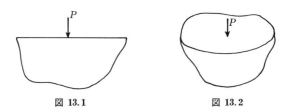

図 13.1　　　　　　　　　図 13.2

　接触面での圧力分布がわかれば，接触応力は図 13.1 または図 13.2 の解を接触面全体にわたって積分することによって得られる．接触面に摩擦力が作用する場合には，自由縁に平行に作用する集中力の解も基本解として用いなければならないが，ここでは接触面に垂直な荷重が作用する問題のみを扱う．したがって，問題は接触面の圧力分布をどのようにして決めるかということになる．一つの方法は，圧力分布を実際に生じていると思われるような形に仮定することである．もっと正確な方法は，二つの物体の形状を含めた基本解を使用し，さらに接触面の変形を考慮して決めることである．

13.1 二次元接触応力

(1) 一定垂直分布荷重による応力と変位

図 13.3 に示すような半無限板の自由縁に作用する一定分布荷重による応力と変位は，接触問題を解析するときの基本になる．これらは次のようにして導かれる．

自由縁に集中力が作用する場合の解（式 (6.88)）をもとにすれば，図

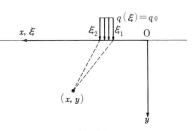

図 13.3

13.3 の分布荷重 $q(\xi)=q_0(\xi_1 \leqq \xi \leqq \xi_2)$ による応力は次のように書ける．

$$\left.\begin{aligned}
\sigma_x &= -\frac{2q_0}{\pi}\int_{\xi_1}^{\xi_2}\frac{(x-\xi)^2 y}{\{(x-\xi)^2+y^2\}^2}d\xi \\
\sigma_y &= -\frac{2q_0}{\pi}\int_{\xi_1}^{\xi_2}\frac{y^3}{\{(x-\xi)^2+y^2\}^2}d\xi \\
\tau_{xy} &= -\frac{2q_0}{\pi}\int_{\xi_1}^{\xi_2}\frac{(x-\xi)y^2}{\{(x-\xi)^2+y^2\}^2}d\xi
\end{aligned}\right\} \tag{13.1}$$

$t=x-\xi$ と置いて積分を実行すると

$$\left.\begin{aligned}
\sigma_x &= \frac{q_0}{\pi}\left[-\frac{ty}{(t^2+y^2)}+\arctan\frac{t}{y}\right]_{t_1}^{t_2} \\
\sigma_y &= \frac{q_0}{\pi}\left[\frac{ty}{(t^2+y^2)}+\arctan\frac{t}{y}\right]_{t_1}^{t_2} \\
\tau_{xy} &= -\frac{q_0}{\pi}\left[\frac{y^2}{(t^2+y^2)}\right]_{t_1}^{t_2}
\end{aligned}\right\} \tag{13.2}$$

ただし，$t_1=x-\xi_1$, $t_2=x-\xi_2$ である．

したがって，表面上の応力は次のようになる．

（a） $y=0$, $x<\xi_1$, $x>\xi_2$ で $\sigma_x=0$, $\sigma_y=0$

（b） $y=0$, $\xi_1<x<\xi_2$ で $\sigma_x=\sigma_y=-q_0$

(b) の結果は接触応力場の性質として重要である．次に，

$$\frac{\partial u}{\partial x}=\varepsilon_x=\frac{1}{E}(\sigma_x-\nu\sigma_y) \tag{13.3}$$

であるから，式 (13.2) の σ_x, σ_y を式 (13.3) に代入して積分すると次式

を得る.

$$u=\frac{q_0}{\pi E}\Big[-y\log(t^2+y^2)+(1-\nu)t\arctan\frac{t}{y}\Big]_{t_1}^{t_2}+f(y) \qquad (13.4)$$

ここで，$f(y)$ は y だけの関数である．同様にして，

$$\frac{\partial v}{\partial y}=\varepsilon_y=\frac{1}{E}(\sigma_y-\nu\sigma_x) \qquad (13.5)$$

から次式を得る.

$$v=\frac{q_0}{E}\Big[t\log(t^2+y^2)-(1-\nu)t\log|t|+(1-\nu)y\arctan\frac{t}{y}\Big]_{t_1}^{t_2}+g(x)$$
$$(13.6)$$

ここで，$g(x)$ は x だけの関数である.

また，$\gamma_{xy}=\partial u/\partial y+\partial v/\partial x$ であるから，式 (13.4) と式 (13.6) から次式を得る.

$$\gamma_{xy}=\frac{q_0}{\pi E}\Big[-2(1+\nu)\frac{y^2}{(t^2+y^2)}\Big]_{t_1}^{t_2}+\frac{q_0}{\pi E}\Big[-(1-\nu)\log|t|\Big]_{t_1}^{t_2}$$
$$+\frac{\partial g(x)}{\partial x}+\frac{\partial f(y)}{\partial y} \qquad (13.7)$$

一方，$\gamma_{xy}=\tau_{xy}/G=2(1+\nu)\tau_{xy}/E$ であるから，式 (13.2) の第3式から

$$\gamma_{xy}=\frac{q_0}{\pi E}\Big[-2(1+\nu)\frac{y^2}{(t^2+y^2)}\Big]_{t_1}^{t_2} \qquad (13.8)$$

式 (13.7) と式 (13.8) が等しいと置くことによって

$$\frac{\partial f(y)}{\partial y}=0 \qquad (13.9)$$

$$\frac{\partial g(x)}{\partial x}=-\frac{q_0}{\pi E}\Big[-(1-\nu)\log|t|\Big]_{t_1}^{t_2} \qquad (13.10)$$

したがって，

$$g(x)=\frac{q_0}{\pi E}\Big[(1-\nu)\{t\log|t|-t\}\Big]_{t_1}^{t_2}+C_1 \qquad (13.11)$$

ただし，C_1 は定数である．結局，v は次のようになる.

$$v=\frac{q_0}{\pi E}\Big[t\log(t^2+y^2)-(1-\nu)t+(1-\nu)y\arctan\frac{t}{y}\Big]_{t_1}^{t_2}+C_1 \quad (13.12)$$

ここで，$y=0$，$d\xi=\xi_2-\xi_1$，$q_0=q(\xi)$ とし，v の中から剛体変位の項を除くと，$d\xi$ に作用する分布荷重 $q(\xi)$ による半無限板表面の変位は次のように表

わされる.

$$dv = -\frac{2}{\pi E} q(\xi) \log |x-\xi| d\xi \qquad (13.13)$$

したがって, $\xi = a$ から $\xi = b$ まで $q(\xi)$ が分布しているときは

$$v = -\frac{2}{\pi E} \int_a^b q(\xi) \log |x-\xi| d\xi \qquad (13.14)$$

また, 図 13.4 のように微小分布幅 2ε の中点 x における表面変位 v を求めてみると次のようになる.

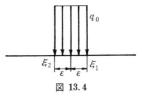

図 13.4

式 (13.12) において, $t_2 = -\varepsilon$, $t_1 = \varepsilon$, $y = 0$, $\varepsilon \to 0$ とすると

$$v = -\frac{4q_0}{\pi E} \lim_{\varepsilon \to 0} \varepsilon \cdot \log \varepsilon = 0 \qquad (13.15)$$

すなわち, 分布荷重 $q(\xi)$ が ξ のある範囲にわたって作用していて, 分布荷重直下の変位 v を求める場合には, 注目点直上 $d\xi$ 間の分布荷重による変位は考慮しなくてよいことになる.

(2) 剛体ポンチの押込みによる接触応力

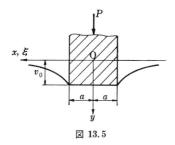

図 13.5

図 13.5 に示すように弾性板の縁を剛体のポンチで押すと, 接触面には一定の変位が生じる. このとき, 接触面の圧力分布は次のようにして求められる.

$\xi = -a \sim a$ の分布荷重を $q(\xi)$ とすると, これによる垂直方向変位は, 式 (13.14) から

$$v = -\frac{2}{\pi E} \int_{-a}^a q(\xi) \log |x-\xi| d\xi \qquad (13.16)$$

したがって, 問題は, $|x| < a$ の x の値に無関係に $v = v_0$ (一定) となるような $q(\xi)$ を決定することになる. すなわち, $v = v_0$ のとき式 (13.16) はよく知られた積分方程式となり, その解は次のようになる*.

---

* M. Sadowsky, Z. Angew. Math. Mech., 8 (1928), 107.

$$q(\xi) = \frac{P}{\pi\sqrt{a^2 - \xi^2}} \qquad (13.17)$$

ここで，P はポンチの押込み荷重である.

（3）　だ円形接触応力分布による応力場

図 13.6 のように二つの円板または円筒が接触する場合の圧力分布は，図
13.7 のような半だ円形に仮定されることが多い．接触面の寸法は円板また
は円筒の寸法に比べて小さいと考えられるので，接触応力は図 13.7 のよう
に半無限板縁に同じ圧力分布が作用するときの応力として近似的に計算でき
る.

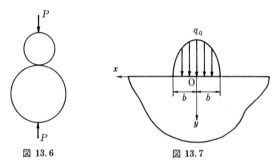

図 13.6　　　　　　　　図 13.7

したがって，式 (13.1) において q_0 を $q(\xi)$ として積分の中に含めると，図
13.7 の応力場として次式を得る*.

$$\sigma_x = -\frac{q_0}{\pi}y\left[\frac{b^2+2x^2+2y^2}{b}F - \frac{2\pi}{b} + 3xG\right]$$

$$\sigma_y = -\frac{q_0}{\pi}y[bF + xG] \qquad\qquad (13.18)$$

$$\tau_{xy} = \frac{q_0}{\pi}y^2G$$

ここで，

$$F = \frac{\pi}{K_1}\cdot\frac{1+\sqrt{K_2/K_1}}{\sqrt{K_2/K_1}\sqrt{2\sqrt{K_2/K_1}+[(K_1+K_2-4b^2)/K_1]}}$$

$$G = \frac{\pi}{K_1}\cdot\frac{1-\sqrt{K_2/K_1}}{\sqrt{K_2/K_1}\sqrt{2\sqrt{K_2/K_1}+[(K_1+K_2-4b^2)/K_1]}} \qquad (13.19)$$

$$K_1 = (b-x)^2 + y^2, \qquad K_2 = (b+x)^2 + y^2$$

---

* J.O. Smith and G.C. Liu : Journ. Appl. Mech., **20** (1953), 157.

なお，σ_z に関しては円板の場合には $\sigma_z = 0$ と考えてよいが，円筒の場合には平面ひずみ状態に近いと考えられるので，$\sigma_z \cong \nu(\sigma_x + \sigma_y)$ とみなされる．

接触応力による疲労などの諸現象には，式 (13.18) の応力だけでなく，別の方向のせん断応力も重要となるので，式 (13.18) をもとにして接触面近傍の応力場を詳細に検討しておかなければならない．

13.2 三次元接触応力

三次元の場合には，図 13.8 の解が基本となる．前節の二次元の方法と同様な手順に従って解析すればよいが，計算は当然二次元の場合より複雑になる．

図 13.8 の解は J. Boussinesq (1885) によって得られた．それは，図 13.8 の円柱座標系で書くと次のようになる．

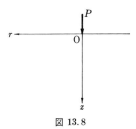

図 13.8

$$\sigma_r = \frac{P}{2\pi}\left[(1-2\nu)\cdot\left\{\frac{1}{r^2}-\frac{z}{r^2}(r^2+z^2)^{-1/2}\right\}-3r^2z(r^2+z^2)^{-5/2}\right]$$

$$\sigma_\theta = \frac{P}{2\pi}(1-2\nu)\cdot\left[-\frac{1}{r^2}+\frac{z}{r^2}(r^2+z^2)^{-1/2}+z(r^2+z^2)^{-3/2}\right]$$

$$\sigma_z = -\frac{3P}{2\pi}z^3(r^2+z^2)^{-5/2}$$

$$\tau_{rz} = -\frac{3P}{2\pi}rz^2(r^2+z^2)^{-5/2}$$

(13.20)

z 方向の変位 w は，二次元の場合と同様に ひずみ を積分する方法によって得られ，次のようになる．

$$w = \frac{P}{2\pi E}\left[(1+\nu)z^2(r^2+z^2)^{-3/2}+2(1-\nu)\cdot(r^2+z^2)^{-1/2}\right] \quad (13.21)$$

また，r 方向変位 u と ε_θ とは $\varepsilon_\theta = u/r$ の関係があるから，フックの法則から

$$u = \frac{(1-2\nu)\cdot(1+\nu)P}{2\pi Er}\left[z(r^2+z^2)^{-1/2}-1+\frac{1}{1-2\nu}r^2z(r^2+z^2)^{-3/2}\right] \quad (13.22)$$

$z = 0$（表面）では

$$w = \frac{P(1-\nu^2)}{\pi E r} \qquad (13.23)$$

$$u = -\frac{(1-2\nu)\cdot(1+\nu)P}{2\pi E r} \qquad (13.24)$$

（1） 一定分布荷重による応力と変位

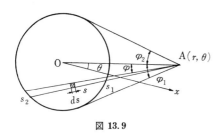

図 13.9

以上の解をもとにすれば，ある領域に分布した荷重による応力と変位を前節と同様にして求めることができる*.

例として，図 13.9 のように半径 a の円形領域に一定の強さ q_0 の分布荷重が作用する場合の応力と変位を求めてみる.

荷重分布領域の外の点 $A(r, \theta)$ での応力を求めるには，円の中心 O を極座標の原点において積分を行なう通常の方法がまず思い浮かぶが，その方法は成功しない. この問題はむしろ注目点 A を原点にもつ極座標系 (s, φ) を用いると容易に解決できることは興味深い.

その式は，式 (13.23) に基づけば次のようになる.

$$dw = \frac{(1-\nu^2)q_0}{\pi E}\cdot\frac{s d\varphi\cdot ds}{s} = \frac{(1-\nu^2)q_0}{\pi E}d\varphi\cdot ds \qquad (13.25)$$

円形領域の全分布荷重を考慮すると

$$w = \frac{4(1-\nu^2)q_0}{\pi E}\int_{s_1}^{s_2}\int_{\varphi_1}^{\varphi_2}d\varphi\cdot ds \qquad (13.26)$$

積分の詳細を省略して結果だけを示すと

$$w = \frac{4(1-\nu^2)q_0 r}{\pi E}\left[E\left(\frac{\pi}{2}, k\right)-(1-k^2)F\left(\frac{\pi}{2}, k\right)\right] \qquad (13.27)$$

ここで，$k^2 = a^2/r^2$，また $F(\pi/2, k)$ と $E(\pi/2, k)$ は，それぞれ第1種と第2種の完全だ円積分で，その値は数表または電算機のサブルーチンライブラリによって得ることができる. なお，これらは次のように表わされる.

---

* S. P. Timoshenko and J. N. Goodier : Theory of elasticity, Third ed., McGraw -Hill International (1982), 403.

$$E\left(\frac{\pi}{2}, k\right) = \int_0^{\pi/2} \sqrt{1 - k^2 \sin^2\theta}\, d\theta \tag{13.28}$$

$$F\left(\frac{\pi}{2}, k\right) = \int_0^{\pi/2} \frac{d\theta}{\sqrt{1 - k^2 \sin^2\theta}} \tag{13.29}$$

荷重分布領域内の表面変位を同様な手順で求めると,

$$w = \frac{4(1-\nu^2)\, q_0 a}{\pi E} E\left(\frac{\pi}{2}, k\right) \tag{13.30}$$

また,応力分布は次のようになる.

$$\left.\begin{aligned}
\sigma_z &= q_0\left[-1 + \frac{z^3}{(a^2+z^2)^{3/2}}\right] \\
\sigma_r &= \frac{q_0}{2}\left[-(1+2\nu) + \frac{2(1+\nu)z}{\sqrt{a^2+z^2}} - \left(\frac{z}{\sqrt{a^2+z^2}}\right)^3\right] \\
\sigma_\theta &= \sigma_r
\end{aligned}\right\} \tag{13.31}$$

(2) 円形剛体ポンチの押込みによる接触応力*

剛体ポンチによって円形領域に一定変位を与えるとき,接触面に生ずる圧力分布を二次元ポンチの場合と同様な考えで導くと,次のようになる.

$$q(r) = \frac{P}{2\pi a\sqrt{a^2 - r^2}} \tag{13.32}$$

$$c = \frac{P(1-\nu^2)}{2aE} \tag{13.33}$$

ここで,P は全荷重,c はポンチの垂直変位である.

(3) 球面と球面の接触 (図 13.10, 図 13.11)

球面と球面のように二つの弾性体の両方が曲面である場合には,相互の表

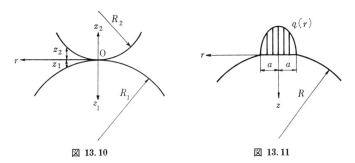

図 13.10   図 13.11

---

* J. Boussinesq (1885), (S. P. Timoshenko and J. N. Goodier : Theory of elasticity, Third ed. (1982), 408 参照のこと).

面の相対距離と接触面の分布荷重による表面変位とが適合するような条件式
によって荷重分布の領域と強さを決定する. このとき, 接触面を z 方向に投
影した形は円となるが, 半径 a は未定とし荷重分布 $q(r)$ は r-z 断面からみ
たときだ円状であると仮定する. すなわち, 接触面近傍を半無限体表面で置
き換えると, 接触面で成り立つ基礎式は次のようになる.

$$w_1 + w_2 = c - (z_1 + z_2) \tag{13.34}$$

$$w_1 = \frac{(1-\nu_1{}^2)}{E_1} \iint q(r)\,ds \cdot d\varphi \tag{13.35}$$

$$w_2 = \frac{(1-\nu_2{}^2)}{E_2} \iint q(r)\,ds \cdot d\varphi \tag{13.36}$$

ここで, c は2個の球の内部で接触面より遠方の点 (たとえば球の中心) が
近づく変位量と考えてよい. また, 添字 1, 2 はそれぞれ球 1, 球2に関係
した量を意味する.

　半径 R_1 と R_2 の球どうしの接触に関する Hertz の計算結果* を示すと,
次のようになる.

円形接触面の半径　　$a = \left\{ \dfrac{3}{4} \cdot \dfrac{P[(1-\nu_1{}^2)/E_1 + (1-\nu_2{}^2)/E_2]R_1 R_2}{R_1 + R_2} \right\}^{1/3}$ (13.37)

最大接触圧力　　$q_0 = \dfrac{3}{2} \cdot \left(\dfrac{P}{\pi a^2} \right)$ (13.38)

（4） 円筒と円筒の接触**

　計算の過程は省略するが, 半径 R_1 と R_2 の円筒が互いの軸が平行な状態
で接触すると, 接触圧力分布は図 13.7 のようになり, 応力分布は式 (13.18)
で示したようになる. このときの接触幅 (2b) は, 円筒の単位長さ当りの荷
重 P' および他の諸量と次のような関係がある.

接触幅の $\dfrac{1}{2}$　　$b = \sqrt{\dfrac{4P'[(1-\nu_1{}^2)/E_1 + (1-\nu_2{}^2)/E_2]R_1 R_2}{R_1 + R_2}}$ (13.39)

最大接触圧力　　$q_0 = \dfrac{2P'}{\pi b}$ (13.40)

---

* S. P. Timoshenko and J. N. Goodier : Theory of elasticity, Third ed., McGraw
-Hill International (1982), 412.
** 本質的には二次元問題であるが, 三次元問題の極限としても得られる (S. P. Timoshenko
and J. N. Goodier, 前出).

第 13 章の問題

1. 式 (13.17) を利用し，図 13.12 に示す深い両側二次元き裂の応力拡大係数を求め
よ．

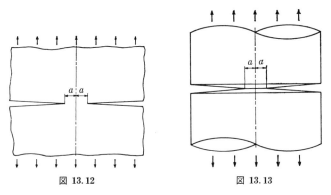

図 13.12   図 13.13

2. 式 (13.32) を利用し，図 13.13 に示す深い円周き裂の応力拡大係数を求めよ．

3. 図 13.7 の接触荷重下では y 軸上で $\tau_{xy}=0$ となるが，その理由を説明せよ．このことから y 軸上では σ_x, σ_y が主応力となり，最大せん断応力は x, y 軸と $45°$ をなす面に作用することがわかる．このせん断応力を $\tau_{45°}$ と書くとき，$\tau_{45°}$ の最大値の発生する位置（y 軸上）とその値を求めよ．

4. 図 13.7 の接触荷重下で摩擦力が左から右へ作用する場合の応力場は，以下のように与えられる*ことを示せ．ただし，摩擦係数を f とする．

$$
\left.
\begin{aligned}
\sigma_x &= -\frac{fq_0}{\pi}\left[(2x^2-2b^2-3y^2)G-\frac{2\pi x}{b}-\frac{2x(b^2-x^2-y^2)}{b}F\right] \\
\sigma_y &= -\frac{fq_0}{\pi}y^2G \\
\tau_{xy} &= \frac{fq_0}{\pi}y\left[\frac{(b^2+2x^2+y^2)}{b}F-\frac{2\pi}{b}+3xG\right]
\end{aligned}
\right\}
\tag{13.41}
$$

ここで，F と G は 162 頁の式 (13.19) と同じである．

---

* J. O. Smith and G. C. Liu : Journ. Appl. Mech., **20** (1953), 157.

付録 1. 方向余弦の諸性質

$$
\left.\begin{array}{l}
l_1{}^2+m_1{}^2+n_1{}^2=1 \\
l_2{}^2+m_2{}^2+n_2{}^2=1 \\
l_3{}^2+m_3{}^2+n_3{}^2=1
\end{array}\right\}
\qquad
\left.\begin{array}{l}
l_1{}^2+l_2{}^2+l_3{}^2=1 \\
m_1{}^2+m_2{}^2+m_3{}^2=1 \\
n_1{}^2+n_2{}^2+n_3{}^2=1
\end{array}\right\}
$$

$$
\left.\begin{array}{l}
l_1m_1+l_2m_2+l_3m_3=0 \\
m_1n_1+m_2n_2+m_3n_3=0 \\
n_1l_1+n_2l_2+n_3l_3=0
\end{array}\right\}
\qquad
\left.\begin{array}{l}
l_1l_2+m_1m_2+n_1n_2=0 \\
l_2l_3+m_2m_3+n_2n_3=0 \\
l_3l_1+m_3m_1+n_3n_1=0
\end{array}\right\}
$$

付録 2. Green の定理または Gauss の発散定理

〔Green の定理——二次元〕

付図 1 に示すように領域 S での面積分

$$
\iint_S \frac{\partial f}{\partial x} dx \cdot dy
$$

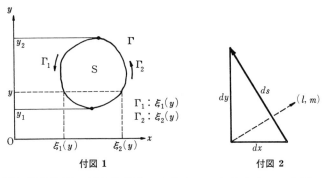

付図 1　　　　　付図 2

を S を囲む閉曲線 Γ に沿う線積分に変換することを考える. $\partial f/\partial x$ は S 内で連続とすると, 付図 1 および付図 2 を参照して,

$$
\int_{\xi_1(y)}^{\xi_2(y)} \frac{\partial f}{\partial x} dx = f(\xi_2(y), y) - f(\xi_1(y), y)
$$

$$
\int_{y_1}^{y_2} [f(\xi_2(y), y) - f(\xi_1(y), y)] dy = \int_{y_1}^{y_2} f(\xi_2(y), y) dy + \int_{y_2}^{y_1} f(\xi_1(y), y) dy
$$

$$
= \int_{\Gamma_2} f(x, y) dy + \int_{\Gamma_1} f(x, y) dy
$$

$$
= \oint_\Gamma f(x, y) dy \tag{1}
$$

$$=\oint_\Gamma f(x,y)\frac{dy}{ds}ds$$

$$=\oint_\Gamma f(x,y)\,l\,ds \tag{2}$$

まったく同様にして，

$$\iint_S \frac{\partial g}{\partial y}dx\cdot dy$$

を線積分に変換する．$\partial g/\partial y$ を S 内で連続とする．付図 3 を参照すると

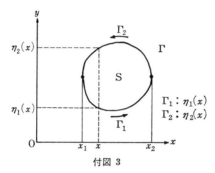

付図 3

$$\int_{\eta_1(x)}^{\eta_2(x)}\frac{\partial g}{\partial y}dy=g(x,\eta_2(x))-g(x,\eta_1(x))$$

$$\int_{x_1}^{x_2}[g(x,\eta_2(x))-g(x,\eta_1(x))]dx$$

$$=-\int_{x_2}^{x_1}g(x,\eta_2(x))\,dx-\int_{x_1}^{x_2}g(x,\eta_1(x))\,dx$$

$$=-\int_{\Gamma_2}g(x,y)\,dx-\int_{\Gamma_1}g(x,y)\,dx$$

$$=-\oint_\Gamma g(x,y)\,dx \tag{3}$$

$$=-\oint_\Gamma g(x,y)\frac{dx}{ds}ds$$

$$=\oint g(x,y)\,m\,ds \tag{4}$$

したがって，

$$\iint_S\left(\frac{\partial f}{\partial x}+\frac{\partial g}{\partial y}\right)dx\cdot dy=\oint_\Gamma (f\cdot l+g\cdot m)\,ds \tag{5}$$

式 (5) を二次元の Green の定理または Gauss の発散定理という．

〔Green の定理——三次元〕

二次元の定理と同じ考え方によって三次元の定理が導かれ，結果だけ示すと次のようになる.

$$\iiint_V \left(\frac{\partial f}{\partial x}+\frac{\partial g}{\partial y}+\frac{\partial h}{\partial z}\right) dx\cdot dy\cdot dz = \iint_S (f\cdot l+g\cdot m+h\cdot n)\, dS \qquad (6)$$

ただし，S は三次元領域 V を囲む曲面である.

問題の解答とヒント

第1章

1. $\theta \cong 1/20$.
2. どの方向の垂直応力も $-p_0$, せん断応力は 0 となる. 7 頁の【例題 1】と同じ考え方で解く.
3. $\sigma_\eta = -\sigma_0$:[解法 1]応力変換式の利用,[解法 2]応力不変量の利用.
4. 7 頁の【例題 1】と同様に考える. 三次元応力変換式を使う.

第2章

1. 独立な 3 方向の垂直ひずみがわかればよい.
2. $(\varepsilon_x + \varepsilon_y)$.
4. $\varepsilon_{45°}$ は ε_x, ε_y, γ_{xy} によって次式のように表現できる.

$$\varepsilon_{45°} = \varepsilon_x l_1^2 + \varepsilon_y m_1^2 + \gamma_{xy} l_1 m_1$$
$$= \frac{1}{2}(\varepsilon_x + \varepsilon_y + \gamma_{xy})$$

したがって,

$$\gamma_{xy} = 2\varepsilon_{45°} - (\varepsilon_x + \varepsilon_y)$$

上の式と式 (a),(b),(c) より

$c_0 + c_1 x + c_2 y + c_3 x^2 + c_4 y^2 + c_5 xy$

$= 2\varepsilon_{45°} - \{(a_0+b_0) + (a_1+b_1)x + (a_2+b_2)y + (a_3+b_3)x^2 + (a_4+b_4)y^2 + (a_5+b_5)xy\}$

ここで,$c_0 \sim c_5$ の 6 個の未知数があるが,$\varepsilon_{45°}$ を 5 点測定しているので,5 個の条件式がある. また,適合条件式 $\partial^2 \varepsilon_x/\partial y^2 + \partial^2 \varepsilon_y/\partial x^2 = \partial^2 \gamma_{xy}/\partial x \cdot \partial y$ が成り立つようにするのが合理的であるから,これから次の条件式が得られ,合計 6 個の条件式となる.

$$c_5 = 2(a_4 + b_3)$$

このようにして,$c_0 \sim c_5$ の決定が可能である.

第3章

2. $\sigma = 79.2$ MPa, $T = 2244$ N·m
3. $x = \pm W$ および $y = \pm L$ において $\tau_{xy} = 0$(自由表面),円孔縁において $\tau_{r\theta} = 0$(自由表面),$y = 0$ において $\tau_{xy} = 0$(対称面),(注意):円形剛体の縁では $\tau_{r\theta} \neq 0$ である.
4. $\sigma_{zB} = \dfrac{E_B}{E_A} \cdot \dfrac{1 - \nu_A \nu_B}{1 - \nu_B^2} \sigma$, $\sigma_{rB} = 0$, $\sigma_{\theta B} = \dfrac{E_B}{E_A} \cdot \dfrac{\nu_B - \nu_A}{1 - \nu_B^2} \sigma$

第4章

2.
$$G\left[2\frac{\partial}{\partial x}\left(\varepsilon_x+\frac{\nu}{1-2\nu}e\right)+\frac{\partial\gamma_{xy}}{\partial y}+\frac{\partial\gamma_{zx}}{\partial z}\right]+X=0$$
$$G\left[\frac{\partial\gamma_{xy}}{\partial x}+2\frac{\partial}{\partial y}\left(\varepsilon_y+\frac{\nu}{1-2\nu}e\right)+\frac{\partial\gamma_{yz}}{\partial z}\right]+Y=0$$
$$G\left[\frac{\partial\gamma_{zx}}{\partial x}+\frac{\partial\gamma_{yz}}{\partial y}+2\frac{\partial}{\partial z}\left(\varepsilon_z+\frac{\nu}{1-2\nu}e\right)\right]+Z=0$$

ただし，$e=\varepsilon_x+\varepsilon_y+\varepsilon_z$ である．

$$\frac{1}{1-2\nu}G\frac{\partial e}{\partial x}+G\nabla^2 u+X=0$$
$$\frac{1}{1-2\nu}G\frac{\partial e}{\partial y}+G\nabla^2 v+Y=0$$
$$\frac{1}{1-2\nu}G\frac{\partial e}{\partial z}+G\nabla^2 w+Z=0$$

3. 満たすべき平衡条件式は，
$$\frac{\partial\sigma_x}{\partial x}+\frac{\partial\tau_{xy}}{\partial y}+\frac{\partial\tau_{zx}}{\partial z}=0,\quad \frac{\partial\tau_{xy}}{\partial x}=0,\quad \frac{\partial\tau_{zx}}{\partial x}=0$$

したがって，$\tau_{xy}=f(y,z)$, $\tau_{zx}=g(y,z)$ となる．また $z=0$ で $\tau_{zx}=0$, $y=h$ で $\tau_{xy}=0$, 境界 AB, AC 上で $\tau_{xy}/\tau_{zx}=h/a$ となる．また，
$$\sigma_x=\frac{6P}{ah^3}(2h-3y)\cdot(l-x)$$

を考慮すると，
$$\tau_{xy}=\frac{6P}{ah^3}(h-y)y,\quad \tau_{zx}=\frac{6P}{ah^3}(h-y)z$$

第5章

1. A-A 断面の応力分布に注目すると，長方形板の場合には公称応力（破線）より大きい部分の面積と公称応力以下の部分の面積とが等しいが，円柱の場合には，中心軸付近の公称応力以上の部分の面積の方がみかけ上大きいようにみえる．これは，円柱の場合には，
$$\int_0^{r_1}(\sigma_z-\sigma_n)\cdot2\pi r\,dr=\int_{r_1}^{W}(\sigma_n-\sigma_z)\cdot2\pi r\,dr,\quad (r_1\text{ は }\sigma_z=\sigma_n\text{ の位置})$$
を満たさなければならないからである．すなわち，積分形の中の微小面積が $2\pi r\,dr$ で，r が関係していることによる．

2. サンブナンの原理より，$x=(l-h)\sim l$ の間では両者の応力の差が著しい．したがって $l\leqq h$ となると，両者の たわみ に差が生じると考えられる．

3. 集中力$=(\sigma_1+\sigma_2)bs/2,\quad$ 集中モーメント$=bs^2(\sigma_2-\sigma_1)/12.$

第6章

〖問題 6.4.1〗
$$r=a \text{ で } u=-\frac{2ab^2}{E(b^2-a^2)}p_0, \qquad r=b \text{ で } u=-\frac{1}{E}\left[\frac{b^2+a^2}{b^2-a^2}-\nu\right]bp_0.$$

〖問題 6.4.2〗　$\sigma_r=0, \qquad \sigma_\theta=2\sigma_0.$

〖問題 6.5.1〗　y 軸上で
$$\sigma_x=\sigma_0\left(1+\frac{a^2}{2r^2}+\frac{3a^4}{2r^4}\right)$$

となるから，代表寸法程度離れた A 点 $(y=2a)$ での σ_x は
$$\sigma_x=\sigma_0+\frac{7}{32}\sigma_0$$

となり，σ_0 との差はわずか $(7/32)\sigma_0$ である．

〖問題 6.5.2〗　円板の中心部の応力場は，
$$\sigma_x=\frac{(3+\nu)\rho\omega^2 b^2}{8}, \qquad \sigma_y=\sigma_x$$

となるから，このような応力場に小円孔が存在すると，円孔縁の応力は周りのいたるところで，
$$\sigma_\theta=3\sigma_x-\sigma_y\cong\frac{(3+\nu)\rho\omega^2 b^2}{4}$$

となる．なお，この解は，中空円板の解において，中心孔の径を限りなく小さくしたときの値に一致する．

〖問題 6.5.3〗　円孔 B の存在によって円孔 A の周りの応力場は，ほとんど乱されないと考えてよい．円孔 B が存在しないとき，同じ位置の応力場は円孔 A の影響を受け，$\sigma_x{}^*=4\sigma_0/3, \sigma_y{}^*=\sigma_0/3$ となる．このような応力場に微小円孔 B が存在すると，縁に発生する最大引張応力は $\sigma_{\max}\cong3\sigma_x{}^*-\sigma_y{}^*=11\sigma_0/3$ となる．

〖問題 6.6.1〗　図 6.13 の中心線上では，対称性によってせん断応力 τ_{xy} は作用していない（十字線を引いてみよ）．したがって，図 6.14 の半無限板縁との違いは σ_x が存在することである．この σ_x を打ち消した状態が図 6.14 と同じになるが，σ_x は引張方向の応力ではないので，打消しによって切欠き先端の応力はさほど増加しない．ちなみに円孔の場合 $K_t=3$ に対して $K_t=3.065$，き裂の場合（だ円が鋭くなった極限）約 12% 増である．

〖問題 6.6.2〗　$\sigma_{\max}=\sigma_0+(4a/b)\sigma_0.$

〖問題 6.7.1〗　平均の σ_θ を $\sigma_\theta\cong ap_i/(b-a)$ と見積り，Howland の結果を利用して最大応力を概算すると $\sigma_{\theta\max}\cong98\,\mathrm{MPa}$ となる．

〖問題 6.8.1〗　$K_{\mathrm{I}}=3.36\,\sigma_0\sqrt{\pi a}.$

〖問題 6.9.2〗
$$\sigma_x=-\frac{2M}{\pi}\cdot\frac{2xy(x^2-y^2)}{(x^2+y^2)^3}, \qquad \sigma_y=-\frac{2M}{\pi}\cdot\frac{4xy^3}{(x^2+y^2)^3}, \qquad \tau_{xy}=-\frac{2M}{\pi}\cdot\frac{(3x^2-y^2)y^2}{(x^2+y^2)^3}.$$

1.　$\nu\sigma_0(a^2+b^2)/2b^2$.

2.

　　[解法 1]　軸を A，円筒を B とし，焼きばめ圧力を p とすると，軸内の応力は $\sigma_{rA}=\sigma_{\theta A}=-p$，円筒の内壁では $\sigma_{rB}=-p$, $\sigma_{\theta B}=(b^2+a^2)p/(b^2-a^2)$ となる．また，$\varepsilon_\theta=u/a=(\sigma_\theta-\nu\sigma_r)/E$ であるから，$r=a$ で $\varDelta=2a[\,|\varepsilon_{\theta A}|+|\varepsilon_{\theta B}|\,]$ より

$$p=\frac{b^2-a^2}{4ab^2}E\varDelta$$

したがって，

$$\sigma_{rB}=-\frac{b^2-a^2}{4ab^2}E\varDelta,\qquad \sigma_{\theta B}=\frac{b^2+a^2}{4ab^2}E\varDelta$$

　　[解法 2]　焼きばめ状態で $r=b$ の位置に $\sigma_{rB}=p$ の引張応力を加えると，A と B の境界 $r=a$ で $\sigma_r=0$ となり，このとき軸は自由に抜ける状態になる．またこのとき，B の内径は初期状態より $\varDelta$ だけ大きい．これを式に書くと

$$\varepsilon_{\theta B}=\frac{\varDelta}{2a}=\left(\frac{\sigma_{\theta B}}{E}\right)_{r=a}$$

また，

$$\sigma_{\theta B}=\frac{2b^2 p}{(b^2-a^2)}$$

であるから，

$$p=\frac{(b^2-a^2)E\varDelta}{4ab^2}$$

　　この解法では，軸の変形は計算せず外側の円筒だけ考えているので計算が簡単で間違いが少ない．

3.　(a) $3.8\sigma_0$，　(b) $3.8\sigma_0$，　(c) $(1+2\sqrt{(a_1+a_2)/a_1})\sigma_0$.

4.　A 点 $12P/\pi d$，B 点 $-20P/\pi d$.

5.　原点 O に水平集中荷重 P，集中モーメント $M=Ph$ が作用する問題に置き換える．

　　P による応力場，

$$\sigma_x{}^P=-\frac{2P}{\pi}\cdot\frac{x^3}{r^4},\qquad \sigma_y{}^P=-\frac{2P}{\pi}\cdot\frac{xy^2}{r^4},\qquad \tau_{xy}{}^P=-\frac{2P}{\pi}\cdot\frac{x^2y}{r^4}\tag{1}$$

　　M による応力場

$$\sigma_x{}^M=-\frac{2M}{\pi}\cdot\frac{2xy(x^2-y^2)}{(x^2+y^2)^3},\qquad \sigma_y{}^M=-\frac{2M}{\pi}\cdot\frac{4xy^3}{(x^2+y^2)^3},$$

$$\tau_{xy}{}^M=-\frac{2M}{\pi}\cdot\frac{(3x^2-y^2)y^2}{(x^2+y^2)^3}\tag{2}$$

$$\sigma_x=\sigma_x{}^P+\sigma_x{}^M,\qquad \sigma_y=\sigma_y{}^P+\sigma_y{}^M,\qquad \tau_{xy}=\tau_{xy}{}^P+\tau_{xy}{}^M$$

これから，主応力 σ_1，σ_2 を求めて $\sigma_{\max}=3\sigma_1-\sigma_2$ となる．

6.　$K_{\mathrm{I}}=\left(\sigma_0-\dfrac{\sqrt{3}}{2}\tau_0\right)\sqrt{\pi a}$，　$K_{\mathrm{II}}=\dfrac{1}{2}\tau_0\sqrt{\pi a}$.

7. $\theta_0 = -0.928\ \mathrm{rad} = -53.17°$.

8. パイプ A について

$$\sigma_{rA} = C_{1A} + \frac{C_{2A}}{r^2}, \qquad \sigma_{\theta A} = C_{1A} - \frac{C_{2A}}{r^2}$$

パイプ B について

$$\sigma_{rB} = C_{1B} + \frac{C_{2B}}{r^2}, \qquad \sigma_{\theta B} = C_{1B} - \frac{C_{2B}}{r^2}$$

と置くとき，境界条件より

$$C_{2A} = -a^2(p + C_{1A})$$

$$C_{1B} = \frac{1}{(b^2 - c^2)}\Big[(b^2 - a^2)C_{1A} - a^2 p\Big], \qquad C_{2B} = -\frac{c^2}{(b^2 - c^2)}\Big[(b^2 - a^2)C_{1A} - a^2 p\Big]$$

$$C_{1A} = -\frac{\Big[\dfrac{1+\nu_A}{E_A}a^2 + \dfrac{1}{E_B}\{(1-\nu_B)b^2 + (1+\nu_B)c^2\}\dfrac{a^2}{b^2-c^2}\Big]p}{\Big[\dfrac{1}{E_A}\{(1-\nu_A)b^2 + (1+\nu_A)a^2\} - \dfrac{1}{E_B}\{(1-\nu_B)b^2 + (1+\nu_B)c^2\}\dfrac{b^2-a^2}{b^2-c^2}\Big]}$$

以上より，任意の r について応力が求まる．

第7章

1. $Tl(a+b)/(2Gha^2b^2)$.

2. $3Tl\log(a_2/a_1)/[t^3 G(a_2 - a_1)]$.　$G = E/2(1+\nu)$.

3. $\dfrac{4Ta}{\pi Ghd^3\{1 + (4/3)(h/d)^2\}}$.

4. $\dfrac{6T}{\pi GDh^3[1 + 3\pi D^2/\{8(1+\pi/2)h^2\}]}$.

第8章

〔問題 8.1.4〕

(1) $U_1 = \dfrac{1-\nu}{E}\sigma_0{}^2 \pi b^2$, $\quad U_2 = \dfrac{1}{E}\sigma_0{}^2 \pi b^2\Big(1 - \dfrac{a^2}{b^2}\Big)\cdot\Big[\Big(1 + \dfrac{a^2}{b^2}\Big) - \nu\Big(1 - \dfrac{a^2}{b^2}\Big)\Big]$

(2) $U_1 = U_2$

〔問題 8.3.1〕　仮想仕事の原理より

$$\int_{S_\sigma} \sigma_0\, \delta u\, dS_\sigma = \int_V \sigma_x\, \delta\varepsilon_x\, dV$$

$\delta\varepsilon_x = \partial(\delta u)/\partial x = 2\alpha x$ であるから，上式は

$$\sigma_0\, \alpha l^2 A = \int_0^l \sigma_x (2\alpha x) A\, dx$$
$$= \sigma_x\, \alpha l^2 A$$

ゆえに．$\sigma_x = \sigma_0$.

〔問題 8.4.2〕　$w = a_1 + a_2 x + a_3 x^2 + a_4 x^3$ と仮定し，97頁の〔例〕と同様にして解く．$w = (Pl/2EI)x^2 - (P/6EI)x^3$.

〔**問題 8.5.1**〕

$$U = \frac{P^{4/3}l}{4\sqrt[3]{AE}}, \qquad U_c = \frac{3P^{4/3}l}{4\sqrt[3]{AE}}.$$

〔**問題 8.6.2**〕　相反定理より $R\delta_B = P\delta_A + Q\delta_c$，これから

$$\delta_A = \frac{1}{P}(R\delta_B - Q\delta_c)$$

（別解）：$AB = b$，$BC = c$ と仮定し，変位を計算して上の関係を導く．

1.　$\delta_0 = \frac{16Pl^3}{\pi^4 EI} = \frac{Pl^3}{6.088EI}$，　$\frac{Pl^3}{6EI}$ との差は約 1.5%．

第 9 章

2.

$$
\begin{Bmatrix}
k_{11}^{①} & 0 & 0 & k_{15}^{①} & k_{16}^{①} \\
0 & k_{55}^{②} & k_{56}^{②} & k_{51}^{②} & k_{52}^{②} \\
0 & k_{65}^{②} & k_{66}^{②} & k_{61}^{②} & k_{62}^{②} \\
k_{51}^{①} & k_{15}^{②} & k_{16}^{②} & k_{55}^{①}+k_{11}^{②} & k_{56}^{①}+k_{12}^{②} \\
k_{61}^{①} & k_{25}^{②} & k_{26}^{②} & k_{65}^{①}+k_{21}^{②} & k_{66}^{①}+k_{22}^{②}
\end{Bmatrix}
\begin{Bmatrix}
u_1 \\ u_2 \\ v_2 \\ u_4 \\ v_4
\end{Bmatrix}
=
\begin{Bmatrix}
0 \\ 0 \\ -Q \\ P \\ 0
\end{Bmatrix}
$$

3.　境界条件は，$u_1 = 0$，$v_1 = 0$，$u_3 = 0$，$X_2 = 1$，$X_4 = 1$ であるので，連立方程式は次のようになる．

$$
\begin{Bmatrix}
(k_{33}^1+k_{33}^2) & (k_{34}^1+k_{34}^2) & (k_{36}^1+k_{32}^2) & k_{35}^2 & k_{36}^2 \\
(k_{43}^1+k_{43}^2) & (k_{44}^1+k_{44}^2) & (k_{46}^1+k_{42}^2) & k_{45}^2 & k_{46}^2 \\
(k_{63}^1+k_{23}^2) & (k_{64}^1+k_{24}^2) & (k_{66}^1+k_{22}^2) & k_{25}^2 & k_{26}^2 \\
k_{53}^2 & k_{54}^2 & k_{52}^2 & k_{55}^2 & k_{56}^2 \\
k_{63}^2 & k_{64}^2 & k_{62}^2 & k_{65}^2 & k_{66}^2
\end{Bmatrix}
\begin{Bmatrix}
u_2 \\ v_2 \\ v_3 \\ u_4 \\ v_4
\end{Bmatrix}
=
\begin{Bmatrix}
1 \\ 0 \\ 0 \\ 1 \\ 0
\end{Bmatrix}
$$

剛性マトリックス $[K]$ の成分を求める．

要素①については，表 9.1 の i，j，k は $i \to 1$，$j \to 2$，$k \to 3$ と節点番号が対応しており

$$c = \frac{tE}{4\Delta(1-\nu^2)} = \frac{1 \times 2 \times 10^4}{4 \times 1/2 \times (1-0.3^2)} = 10989.01 \cong 10990$$

$$k_{33}^1 = c\left\{(y_3-y_1)^2 + \frac{1-\nu}{2}(x_1-x_3)^2\right\} = c\left\{(1-0)^2 + \frac{1-0.3}{2}(0-0)^2\right\} = c$$

$$k_{34}^1 = c\left\{\nu(y_3-y_1)\cdot(x_1-x_3) + \frac{1-\nu}{2}(x_1-x_3)\cdot(y_3-y_1)\right\} = 0$$

$$k_{36}^1 = c\left\{\nu(y_3-y_1)\cdot(x_2-x_1) + \frac{1-\nu}{2}(x_1-x_3)\cdot(y_1-y_2)\right\}$$

$$= c\left\{0.3(1-0)\cdot(1-0) + \frac{1-\nu}{2}(0-0)\cdot(0-0)\right\} = 0.3c$$

$$k_{43}^1 = k_{34}^1 = 0$$

$$k_{44}^1 = c\left\{(x_1-x_3)^2+\frac{1-\nu}{2}(y_3-y_1)^2\right\}=c\left\{(0-0)^2+\frac{1-0.3}{2}(1-0)^2\right\}=0.35c$$

$$k_{46}^1 = c\left\{(x_1-x_2)\cdot(x_2-x_1)+\frac{1-\nu}{2}(y_3-y_1)\cdot(y_1-y_2)\right\}$$
$$= c\left\{(0-0)\cdot(1-0)+\frac{1-0.3}{2}(1-0)\cdot(0-0)\right\}=0$$

$$k_{63}^1 = k_{36}^1 = 0.3c, \qquad k_{64}^1 = k_{46}^1 = 0$$

$$k_{66}^1 = c\left\{(x_2-x_1)^2+\frac{1-\nu}{2}(y_1-y_2)^2\right\}=c\left\{(1-0)^2+\frac{1-0.3}{2}(0-0)^2\right\}=c$$

要素②については，表 9.1 の i, j, k は $i\to3$, $j\to2$, $k\to4$ と節点番号が対応し，c は同じなので，

$$k_{22}^2 = c\left\{(x_4-x_2)^2+\frac{1-\nu}{2}(y_2-y_4)^2\right\}=c\left\{(1-1)^2+\frac{1-0.3}{2}(0-1)^2\right\}=0.35c$$

$$k_{23}^2 = c\left\{\nu(x_4-x_2)\cdot(y_4-y_3)+\frac{1-\nu}{2}(y_2-y_4)\cdot(x_3-x_4)\right\}$$
$$= c\left\{0.3(1-1)\cdot(1-1)+\frac{1-0.3}{2}(0-1)\cdot(0-1)\right\}=0.35c$$

$$k_{24}^2 = c\left\{(x_4-x_2)\cdot(x_3-x_4)+\frac{1-\nu}{2}(y_2-y_4)\cdot(y_4-y_3)\right\}$$
$$= c\left\{(1-1)\cdot(0-1)+\frac{1-0.3}{2}(0-1)\cdot(1-1)\right\}=0$$

$$k_{25}^2 = c\left\{\nu(x_4-x_2)\cdot(y_3-y_2)+\frac{1-\nu}{2}(y_2-y_4)\cdot(x_2-x_3)\right\}$$
$$= c\left\{0.3(1-1)\cdot(1-0)+\frac{1-0.3}{2}(0-1)\cdot(1-0)\right\}=-0.35c$$

$$k_{26}^2 = c\left\{(x_4-x_2)\cdot(x_2-x_3)+\frac{1-\nu}{2}(y_2-y_4)\cdot(y_3-y_2)\right\}$$
$$= c\left\{(1-1)\cdot(1-0)+\frac{1-0.3}{2}(0-1)\cdot(1-0)\right\}=-0.35c$$

$$k_{32}^2 = k_{23}^2 = 0.35c$$

$$k_{33}^2 = c\left\{(y_4-y_3)^2+\frac{1-\nu}{2}(x_3-x_4)^2\right\}=c\left\{(1-1)^2+\frac{1-0.3}{2}(0-1)^2\right\}=0.35c$$

$$k_{34}^2 = c\left\{\nu(y_4-y_3)\cdot(x_3-x_4)+\frac{1-\nu}{2}(x_3-x_4)\cdot(y_4-y_3)\right\}$$
$$= c\left\{0.3(1-1)\cdot(0-1)+\frac{1-0.3}{2}(0-1)\cdot(1-1)\right\}=0$$

$$k_{35}^2 = c\left\{(y_4-y_3)\cdot(y_3-y_2)+\frac{1-\nu}{2}(x_3-x_4)\cdot(x_2-x_3)\right\}$$
$$= c\left\{(1-1)\cdot(1-0)+\frac{1-0.3}{2}(0-1)\cdot(1-0)\right\}=-0.35c$$

$$k_{36}^2 = c\left\{\nu(y_4-y_3)\cdot(x_2-x_3)+\frac{1-\nu}{2}(x_3-x_4)\cdot(y_3-y_2)\right\}$$

$$= c\left\{0.3(1-1)\cdot(1-0)+\frac{1-0.3}{2}(0-1)\cdot(1-0)\right\}=-0.35c$$

$$k_{42}^2=k_{24}^2=0,\qquad k_{43}^2=k_{34}^2=0$$

$$k_{44}^2=c\left\{(x_3-x_4)^2+\frac{1-\nu}{2}(y_4-y_3)^2\right\}=c\left\{(0-1)^2+\frac{1-0.3}{2}(1-1)^2\right\}=0$$

$$k_{45}^2=c\left\{\nu(x_3-x_4)\cdot(y_3-y_2)+\frac{1-\nu}{2}(y_4-y_3)\cdot(x_2-x_3)\right\}$$

$$=c\left\{0.3(0-1)\cdot(1-0)+\frac{1-0.3}{2}(1-1)\cdot(1-0)\right\}=-0.3c$$

$$k_{46}^2=c\left\{(x_3-x_4)\cdot(x_2-x_3)+\frac{1-\nu}{2}(y_4-y_3)\cdot(y_3-y_2)\right\}$$

$$=c\left\{(0-1)\cdot(1-0)+\frac{1-0.3}{2}(1-1)\cdot(1-0)\right\}=-c$$

$$k_{52}^2=k_{25}^2=-0.35c,\qquad k_{53}^2=k_{35}^2=-0.35c,\ \ k_{54}^2=k_{45}^2=-0.3c$$

$$k_{55}^2=c\left\{(y_3-y_2)^2+\frac{1-\nu}{2}(x_2-x_3)^2\right\}=c\left\{(1-0)^2+\frac{1-0.3}{2}(1-0)^2\right\}=1.35c$$

$$k_{56}^2=c\left\{\nu(y_3-y_2)\cdot(x_2-x_3)+\frac{1-\nu}{2}(x_2-x_3)\cdot(y_3-y_2)\right\}$$

$$=c\left\{0.3(1-0)\cdot(1-0)+\frac{1-0.3}{2}(1-0)\cdot(1-0)\right\}=0.65c$$

$$k_{62}^2=k_{26}^2=-0.35c,\quad k_{63}^2=k_{36}^2=-0.35c,\quad k_{64}^2=k_{46}^2=-c,\quad k_{65}^2=k_{56}^2=0.65c$$

$$k_{66}^2=c\left\{(x_2-x_3)^2+\frac{1-\nu}{2}(y_3-y_2)^2\right\}=c\left\{(1-0)^2+\frac{1-0.3}{2}(1-0)^2\right\}=1.35c$$

以上の値で $[K]$ を表わすと

$$[K]=c\begin{bmatrix}1.35 & 0 & 0.65 & -0.35 & -0.35\\ 0 & 1.35 & 0 & -0.3 & -1\\ 0.65 & 0 & 1.35 & -0.35 & -0.35\\ -0.35 & -0.3 & -0.35 & 1.35 & 0.65\\ -0.35 & -1 & -0.35 & 0.65 & 1.35\end{bmatrix}$$

したがって，連立方程式は次のようになる．

$$[K]\begin{Bmatrix}u_2\\v_2\\v_3\\u_4\\v_4\end{Bmatrix}=\begin{Bmatrix}1\\0\\0\\1\\0\end{Bmatrix}$$

ここで，$cu_2=u_2',\ cv_2=v_2',\ cv_3=v_3',\ cu_4=u_4',\ cv_4=v_4'$ とすると

$$\left.\begin{aligned}1.35u_2'\ \ \ \ \ \ \ \ \ \ +0.65v_3'-0.35u_4'-0.35v_4'&=1\\ 1.35v_2'\ \ \ \ \ \ \ \ \ \ -0.3u_4'\ \ \ \ -v_4'&=0\\ 0.65u_2'\ \ \ \ \ \ \ \ \ +1.35v_3'-0.35u_4'-0.35v_4'&=0\\ -0.35u_2'-0.3v_2'-0.35v_3'+1.35u_4'+0.65v_4'&=1\\ -0.35u_2'\ \ \ \ -v_2'-0.35v_3'+0.65u_4'+1.35v_4'&=0\end{aligned}\right\}$$

Gauss–Seidel 法を適用するのに便利なように，上式を変形しておくと

$$
\left.
\begin{aligned}
u_2' &= \frac{1}{1.35}(1-0.65v_3'+0.35u_4'+0.35v_4') \\[4pt]
v_2' &= \frac{1}{1.35}(0.3u_4'+v_4') \\[4pt]
v_3' &= \frac{1}{1.35}(-0.65u_2'+0.35u_4'+0.35v_4') \\[4pt]
u_4' &= \frac{1}{1.35}(1+0.35u_2'+0.3v_2'+0.35v_3'-0.65v_4') \\[4pt]
v_4' &= \frac{1}{1.35}(0.35u_2'+v_2'+0.35v_3'-0.65u_4')
\end{aligned}
\right\}
$$

Gauss–Seidel 法は，上式の第 1 式において $v_3'=u_4'=v_4'=0$ として u_2' を求める．次に，第 2 式において $u_4'=v_4'=0$ として v_2' を求める．第 3 式においては，すでに求まっている u_2' 以外を 0 とおいて v_3' を決定する．以下，同様の手順で v_4' まで求め，第 1 回目の計算を終わる．次に第 2 回目の計算では，第 1 式の右辺の v_3'，u_4'，v_4' が第 1 回目の計算で求まっているので，それらの値を代入し新しい u_2' を計算し，以下では新しい値を使用する．この手順を次々反復して行ない，収束した値を連立方程式の解とする．この方法では，連立方程式の対角の要素の係数が他に比べて大きいことが収束の条件となる．

20 回の反復による収束の様子を付表 1 に示す．

付表 1　反復回数 n と解の収束

n	u_2'	v_2'	v_3'	u_4'	v_4'
0	0	0	0	0	0
1	7.407×10^{-1}	0	-3.567×10^{-1}	8.403×10^{-1}	-3.050×10^{-1}
2	1.051	-3.920×10^{-2}	-3.674×10^{-1}	1.056	-3.603×10^{-1}
3	1.098	-3.216×10^{-2}	-3.483×10^{-1}	1.101	-3.598×10^{-1}
4	1.101	-2.172×10^{-2}	-3.377×10^{-1}	1.107	-3.512×10^{-1}
5	1.099	-1.419×10^{-2}	-3.333×10^{-1}	1.105	-3.441×10^{-1}
6	1.099	-9.283×10^{-3}	-3.316×10^{-1}	1.103	-3.392×10^{-1}
7	1.098	-6.107×10^{-3}	-3.308×10^{-1}	1.102	-3.360×10^{-1}
8	1.099	-4.033×10^{-3}	-3.304×10^{-1}	1.101	-3.338×10^{-1}
9	1.099	-2.670×10^{-3}	-3.302×10^{-1}	1.100	-3.324×10^{-1}
10	1.099	-1.768×10^{-3}	-3.300×10^{-1}	1.100	-3.315×10^{-1}
11	1.099	-1.171×10^{-3}	-3.299×10^{-1}	1.099	-3.309×10^{-1}
12	1.099	-7.762×10^{-4}	-3.298×10^{-1}	1.099	-3.305×10^{-1}
13	1.099	-5.144×10^{-4}	-3.298×10^{-1}	1.099	-3.302×10^{-1}
14	1.099	-3.408×10^{-4}	-3.297×10^{-1}	1.099	-3.300×10^{-1}
15	1.099	-2.259×10^{-4}	-3.297×10^{-1}	1.099	-3.299×10^{-1}
16	1.099	-1.497×10^{-4}	-3.297×10^{-1}	1.099	-3.298×10^{-1}
17	1.099	-9.918×10^{-5}	-3.297×10^{-1}	1.099	-3.298×10^{-1}
18	1.099	-6.573×10^{-5}	-3.297×10^{-1}	1.099	-3.297×10^{-1}
19	1.099	-4.355×10^{-5}	-3.297×10^{-1}	1.099	-3.297×10^{-1}
20	1.099	-2.886×10^{-5}	-3.297×10^{-1}	1.099	-3.297×10^{-1}

付　表

	u_1	v_1	u_2	v_2	u_3	v_3	u_4	v_4	u_5
X_1	$k_{11}^{(1)} k_{11}^{(2)}$	$k_{12}^{(1)} k_{12}^{(2)}$	$k_{15}^{(2)}$	$k_{16}^{(2)}$			$k_{13}^{(1)}$	$k_{14}^{(1)}$	$k_{15}^{(1)} k_{13}^{(2)}$
Y_1	$k_{21}^{(1)} k_{21}^{(2)}$	$k_{22}^{(1)} k_{22}^{(2)}$	$k_{25}^{(2)}$	$k_{26}^{(2)}$			$k_{23}^{(1)}$	$k_{24}^{(1)}$	$k_{25}^{(1)} k_{23}^{(2)}$
X_2	$k_{51}^{(2)}$	$k_{52}^{(2)}$	$k_{55}^{(2)} k_{11}^{(3)}$	$k_{56}^{(2)} k_{12}^{(3)}$	$k_{15}^{(3)}$	$k_{16}^{(3)}$			$k_{53}^{(2)} k_{13}^{(3)}$
Y_2	$k_{61}^{(2)}$	$k_{62}^{(2)}$	$k_{65}^{(2)} k_{21}^{(3)}$	$k_{66}^{(2)} k_{22}^{(3)}$	$k_{25}^{(3)}$	$k_{26}^{(3)}$			$k_{63}^{(2)} k_{23}^{(3)}$
X_3			$k_{51}^{(3)}$	$k_{52}^{(3)}$	$k_{55}^{(3)} k_{11}^{(4)}$	$k_{56}^{(3)} k_{12}^{(4)}$			$k_{53}^{(3)} k_{13}^{(4)}$
Y_3			$k_{61}^{(3)}$	$k_{62}^{(3)}$	$k_{65}^{(3)} k_{21}^{(4)}$	$k_{66}^{(3)} k_{22}^{(4)}$			$k_{63}^{(3)} k_{23}^{(4)}$
X_4	$k_{31}^{(1)}$	$k_{32}^{(1)}$					$k_{33}^{(1)} k_{33}^{(5)}$	$k_{34}^{(1)} k_{34}^{(5)}$	$k_{35}^{(1)} k_{31}^{(5)}$
Y_4	$k_{41}^{(1)}$	$k_{42}^{(1)}$					$k_{43}^{(1)} k_{43}^{(5)}$	$k_{44}^{(1)} k_{44}^{(5)}$	$k_{45}^{(1)} k_{41}^{(5)}$
X_5	$k_{51}^{(1)} k_{31}^{(2)}$	$k_{52}^{(1)} k_{32}^{(2)}$	$k_{35}^{(2)} k_{31}^{(3)}$	$k_{36}^{(2)} k_{32}^{(3)}$	$k_{35}^{(3)} k_{31}^{(4)}$	$k_{36}^{(3)} k_{32}^{(4)}$	$k_{53}^{(1)} k_{13}^{(5)}$	$k_{54}^{(1)} k_{14}^{(5)}$	$k_{55}^{(1)} k_{55}^{(2)} k_{33}^{(3)} k_{33}^{(4)}$ / $k_{11}^{(5)} k_{11}^{(6)} k_{11}^{(7)} k_{11}^{(8)}$
Y_5	$k_{61}^{(1)} k_{41}^{(2)}$	$k_{62}^{(1)} k_{42}^{(2)}$	$k_{45}^{(2)} k_{41}^{(3)}$	$k_{46}^{(2)} k_{42}^{(3)}$	$k_{45}^{(3)} k_{41}^{(4)}$	$k_{46}^{(3)} k_{42}^{(4)}$	$k_{63}^{(1)} k_{23}^{(5)}$	$k_{64}^{(1)} k_{24}^{(5)}$	$k_{65}^{(1)} k_{65}^{(2)} k_{43}^{(3)} k_{43}^{(4)}$ / $k_{21}^{(5)} k_{21}^{(6)} k_{21}^{(7)} k_{21}^{(8)}$
X_6					$k_{51}^{(4)}$	$k_{52}^{(4)}$			$k_{53}^{(4)} k_{51}^{(8)}$
Y_6					$k_{61}^{(4)}$	$k_{62}^{(4)}$			$k_{63}^{(4)} k_{61}^{(8)}$
X_7							$k_{53}^{(5)}$	$k_{54}^{(5)}$	$k_{51}^{(5)} k_{31}^{(6)}$
Y_7							$k_{63}^{(5)}$	$k_{64}^{(5)}$	$k_{61}^{(5)} k_{41}^{(6)}$
X_8									$k_{51}^{(6)} k_{31}^{(7)}$
Y_8									$k_{61}^{(6)} k_{41}^{(7)}$
X_9									$k_{51}^{(7)} k_{31}^{(8)}$
Y_9									$k_{61}^{(7)} k_{41}^{(8)}$

$c=10990$ であるから

$$u_2 = u_2'/c = 1.099/10990 = 1\times10^{-4}$$
$$v_2 = v_2'/c = -2.886\times10^{-5}/10990 = -2.626\times10^{-9} \cong 0$$
$$v_3 = v_3'/c = -3.297\times10^{-1}/10990 = -3\times10^{-5}$$
$$u_4 = u_4'/c = 1.099/10990 = 1\times10^{-4}$$
$$v_4 = v_4'/c = -3.297\times10^{-1}/10990 = -3\times10^{-5}$$

各要素についてひずみと応力 σ を求める.

$$\{\varepsilon\} = [B][T]^{-1}\{u\}$$

を具体的に書くと,

2

v_5	u_6	v_6	u_7	v_7	u_8	v_8	u_9	v_9
$k_{16}^{①} k_{14}^{②}$								
$k_{26}^{①} k_{24}^{②}$								
$k_{54}^{②} k_{14}^{③}$								
$k_{64}^{②} k_{24}^{③}$								
$k_{54}^{③} k_{14}^{④}$	$k_{15}^{④}$	$k_{16}^{④}$						
$k_{64}^{③} k_{24}^{④}$	$k_{25}^{④}$	$k_{26}^{④}$						
$k_{36}^{①} k_{32}^{⑤}$			$k_{35}^{⑤}$	$k_{36}^{⑤}$				
$k_{46}^{①} k_{42}^{⑤}$			$k_{45}^{⑤}$	$k_{46}^{⑤}$				
$k_{56}^{①} k_{34}^{②} k_{34}^{③} k_{34}^{④}$	$k_{35}^{④} k_{15}^{⑧}$	$k_{36}^{④} k_{16}^{⑧}$	$k_{15}^{⑤} k_{13}^{⑥}$	$k_{16}^{⑤} k_{14}^{⑥}$	$k_{15}^{⑥} k_{13}^{⑦}$	$k_{16}^{⑥} k_{14}^{⑦}$	$k_{15}^{⑦} k_{13}^{⑧}$	$k_{16}^{⑦} k_{14}^{⑧}$
$k_{12}^{⑤} k_{12}^{⑥} k_{12}^{⑦} k_{12}^{⑧}$								
$k_{66}^{①} k_{44}^{②} k_{44}^{③} k_{44}^{④}$	$k_{45}^{④} k_{25}^{⑧}$	$k_{46}^{④} k_{26}^{⑧}$	$k_{25}^{⑤} k_{23}^{⑥}$	$k_{26}^{⑤} k_{24}^{⑥}$	$k_{25}^{⑥} k_{23}^{⑦}$	$k_{26}^{⑥} k_{24}^{⑦}$	$k_{25}^{⑦} k_{23}^{⑧}$	$k_{26}^{⑦} k_{24}^{⑧}$
$k_{22}^{⑤} k_{22}^{⑥} k_{22}^{⑦} k_{22}^{⑧}$								
$k_{54}^{④} k_{52}^{⑧}$	$k_{55}^{④} k_{55}^{⑧}$	$k_{56}^{④} k_{56}^{⑧}$					$k_{53}^{⑧}$	$k_{54}^{⑧}$
$k_{64}^{④} k_{62}^{⑧}$	$k_{65}^{④} k_{65}^{⑧}$	$k_{66}^{④} k_{66}^{⑧}$					$k_{63}^{⑧}$	$k_{64}^{⑧}$
$k_{52}^{⑤} k_{32}^{⑥}$			$k_{55}^{⑤} k_{33}^{⑥}$	$k_{56}^{⑤} k_{34}^{⑥}$	$k_{35}^{⑥}$	$k_{36}^{⑥}$		
$k_{62}^{⑤} k_{42}^{⑥}$			$k_{65}^{⑤} k_{43}^{⑥}$	$k_{66}^{⑤} k_{44}^{⑥}$	$k_{45}^{⑥}$	$k_{46}^{⑥}$		
$k_{52}^{⑥} k_{32}^{⑦}$			$k_{53}^{⑥}$	$k_{54}^{⑥}$	$k_{55}^{⑥} k_{33}^{⑦}$	$k_{56}^{⑥} k_{34}^{⑦}$	$k_{35}^{⑦}$	$k_{36}^{⑦}$
$k_{62}^{⑥} k_{42}^{⑦}$			$k_{63}^{⑥}$	$k_{64}^{⑥}$	$k_{65}^{⑥} k_{43}^{⑦}$	$k_{66}^{⑥} k_{44}^{⑦}$	$k_{45}^{⑦}$	$k_{46}^{⑦}$
$k_{52}^{⑦} k_{32}^{⑧}$	$k_{35}^{⑧}$	$k_{36}^{⑧}$			$k_{53}^{⑦}$	$k_{54}^{⑦}$	$k_{55}^{⑦} k_{33}^{⑧}$	$k_{56}^{⑦} k_{34}^{⑧}$
$k_{62}^{⑦} k_{42}^{⑧}$	$k_{45}^{⑧}$	$k_{46}^{⑧}$			$k_{63}^{⑦}$	$k_{64}^{⑦}$	$k_{65}^{⑦} k_{43}^{⑧}$	$k_{66}^{⑦} k_{44}^{⑧}$

$$\begin{Bmatrix} \varepsilon_x \\ \varepsilon_y \\ \gamma_{xy} \end{Bmatrix} = \frac{1}{2\Delta} \begin{bmatrix} y_j - y_k & 0 & y_k - y_i & 0 & y_i - y_j & 0 \\ 0 & x_k - x_j & 0 & x_i - x_k & 0 & x_j - x_i \\ x_k - x_j & y_j - y_k & x_i - x_k & y_k - y_i & x_j - x_i & y_i - y_j \end{bmatrix} \begin{Bmatrix} u_i \\ v_i \\ u_j \\ v_j \\ u_k \\ v_k \end{Bmatrix},$$

$i=1,\ j=2,\ k=3$

上式に数値を代入すると，要素①については，

$$
\begin{Bmatrix} \varepsilon_x \\ \varepsilon_y \\ \gamma_{xy} \end{Bmatrix} = \frac{1}{2 \times \frac{1}{2}}
\begin{bmatrix}
(0-1) & 0 & (1-0) & 0 & (0-0) & 0 \\
0 & (0-1) & 0 & (0-0) & 0 & (1-0) \\
(0-1) & (0-1) & (0-0) & (1-0) & (1-0) & (0-0)
\end{bmatrix}
\begin{Bmatrix} 0 \\ 0 \\ 1 \times 10^{-4} \\ 0 \\ 0 \\ -3 \times 10^{-5} \end{Bmatrix}
$$

$$
= \begin{Bmatrix} 1 \times 10^{-4} \\ -3 \times 10^{-5} \\ 0 \end{Bmatrix}
$$

$$
\begin{Bmatrix} \sigma_x \\ \sigma_y \\ \tau_{xy} \end{Bmatrix} = \frac{E}{1-\nu^2}
\begin{bmatrix}
1 & \nu & 0 \\
\nu & 1 & 0 \\
0 & 0 & (1-\nu)/2
\end{bmatrix}
\begin{Bmatrix} \varepsilon_x \\ \varepsilon_y \\ \gamma_{xy} \end{Bmatrix}
= \frac{2 \times 10^4}{1-0.3^2}
\begin{bmatrix}
1 & 0.3 & 0 \\
0.3 & 1 & 0 \\
0 & 0 & 0.35
\end{bmatrix}
\begin{Bmatrix} 1 \times 10^{-4} \\ -3 \times 10^{-5} \\ 0 \end{Bmatrix}
$$

$$
= \begin{Bmatrix} 2 \\ 0 \\ 0 \end{Bmatrix}
$$

要素②について同様な計算をすると，$i=3$，$j=2$，$k=4$ であるから，

$$
\begin{Bmatrix} \varepsilon_x \\ \varepsilon_y \\ \gamma_{xy} \end{Bmatrix} =
\begin{bmatrix}
-1 & 0 & 0 & 0 & 1 & 0 \\
0 & 0 & 0 & -1 & 0 & 1 \\
0 & -1 & -1 & 0 & 1 & 1
\end{bmatrix}
\begin{Bmatrix} 0 \\ -3 \times 10^{-5} \\ 1 \times 10^{-4} \\ 0 \\ 1 \times 10^{-4} \\ -3 \times 10^{-5} \end{Bmatrix}
= \begin{Bmatrix} 1 \times 10^{-4} \\ -3 \times 10^{-5} \\ 0 \end{Bmatrix}
$$

$$
\begin{Bmatrix} \sigma_x \\ \sigma_y \\ \tau_{xy} \end{Bmatrix} = \frac{E}{1-\nu^2}
\begin{bmatrix}
1 & \nu & 0 \\
\nu & 1 & 0 \\
0 & 0 & (1-\nu)/2
\end{bmatrix}
\begin{Bmatrix} \varepsilon_x \\ \varepsilon_y \\ \gamma_{xy} \end{Bmatrix}
= \begin{Bmatrix} 2 \\ 0 \\ 0 \end{Bmatrix}.
$$

4. 付表2のようになる．ただし，＋の記号は省略してある．したがって，$k_{11}^{①}k_{11}^{②}$ などは，$k_{11}^{①}+k_{11}^{②}$ を意味する．

第10章

〖問題 10.3.2〗 $y=$ 一定の断面に注目すると，中立軸は変形後 x 軸に対して $\partial w/\partial x$ だけ傾く．これによって $z=z$ の部分は x 方向に $u=-z(\partial w/\partial x)$ だけ変位する．同様に，$x=$ 一定の断面に注目すると，$v=-z(\partial w/\partial y)$ である．$\gamma_{xy}=(\partial u/\partial y)+(\partial v/\partial x)$ であるから，$\tau_{xy}=\tau_{yx}=-2Gz(\partial^2 w/\partial x \cdot \partial y)$ となる．したがって，

$$
M_{xy} = -M_{yx} = -\int_{-h/2}^{h/2} \tau_{xy} z \, dz = 2G \frac{\partial^2 w}{\partial x \cdot \partial y} \int_{-h/2}^{h/2} z^2 \, dz = D(1-\nu) \frac{\partial^2 w}{\partial x \cdot \partial y}.
$$

〖問題 10.3.3〗 ひずみエネルギは，曲げモーメントとねじりモーメントによる仕事に等しい．M_x による仕事は dy の長さ当り

$$\frac{1}{2}M_x\,dy\,\theta_y=\frac{1}{2}M_x\,dy\frac{dx}{\rho_x}=-\frac{1}{2}M_x\frac{\partial^2 w}{\partial x^2}dx\cdot dy$$

同様にして，M_y による仕事は，

$$-\frac{1}{2}M_y(\partial^2 w/\partial y^2)dx\cdot dy$$

合わせると

$$dU=-\frac{1}{2}\Big(M_x\frac{\partial^2 w}{\partial x^2}+M_y\frac{\partial^2 w}{\partial y^2}\Big)dx\cdot dy=\frac{1}{2}D\Big[\Big(\frac{\partial^2 w}{\partial x^2}\Big)^2+\Big(\frac{\partial^2 w}{\partial y^2}\Big)^2+2\nu\frac{\partial^2 w}{\partial x^2}\cdot\frac{\partial^2 w}{\partial y^2}\Big]dx\cdot dy$$

面積 A の板に対しては $dU\to U$，$dx\cdot dy\to A$ とすればよい．

$M_{xy}\neq0$ の場合には，M_{xy} による仕事を考慮に入れる．

$x=x$ における x 軸の回転角は $\partial w/\partial y$ であるので，$x+dx$ における回転角は

$$\frac{\partial w}{\partial y}+\frac{\partial}{\partial x}\Big(\frac{\partial w}{\partial y}\Big)dx$$

となる．したがって，M_{xy} による仕事は次のようになる．

$$\frac{1}{2}M_{xy}\,dy\frac{\partial^2 w}{\partial x\cdot\partial y}dx=\frac{1}{2}M_{xy}\frac{\partial^2 w}{\partial x\cdot\partial y}dx\cdot dy=\frac{1}{2}D(1-\nu)\cdot\Big(\frac{\partial^2 w}{\partial x\cdot\partial y}\Big)^2dx\cdot dy$$

M_{yx} のなす仕事も全く同様になされ，合計 $D(1-\nu)\cdot(\partial^2 w/\partial x\cdot\partial y)^2dx\cdot dy$ となる．ねじりモーメントによる仕事と曲げモーメントによる仕事は独立に加算可能であるので，上の結果を合計すると式 (10.22) が得られる．

1.　平面問題7頁 の【例題 1】と同じ考え方で証明．

2.　$\sigma_{\max}=(\sigma_r)_{r=a}=3qa^2/4h^2$．

4.　$b\leqq r\leqq a$ で

$$w=\frac{P}{8\pi D}\Big[(a^2-r^2)\frac{a^2+b^2}{2a^2}+(b^2+r^2)\log\frac{r}{a}\Big].$$

　　$0\leqq r\leqq b$ で

$$w=\frac{P}{8\pi D}\Big[(b^2+r^2)\log\frac{b}{a}+\frac{(a^2+r^2)\cdot(a^2-b^2)}{2a^2}\Big].$$

5.　$\dfrac{P}{8\pi D}\Big[b^2\log\dfrac{b}{a}+\dfrac{(3+\nu)}{2(1+\nu)}(a^2-b^2)\Big].$

第 11 章

1.　$w=P/8\beta^3 D$，　$M_x=P/4\beta$．

2.　$w=(p/4\beta^4 D)\,e^{-\beta x}(\cos\beta x+\sin\beta x)-p/4\beta^4 D$．

$$M_x=(p/2\beta^2)\,e^{-\beta x}(\cos\beta x-\sin\beta x).$$

3.　$\sigma_x=\dfrac{3[\beta^3 a^3+2(1+\nu)]}{\beta^2 h^2[4\beta a+2(1+\nu)]}p,$

円板の半径方向変位を 0 と仮定せよ．

4.　はりの問題では，$EI(d^2w/dx^2)=-M_x$，$EI(d^3w/dx^3)=-(dM_x/dx)=-Q_x$，$EI\cdot(d^4w/dx^4)=-(dQ_x/dx)=q$（分布荷重）であるから，この問題では，

$$EI\frac{d^4w}{dx^4}=p-kw$$

すなわち

$$EI\frac{d^4w}{dx^4}+kw=p,\quad \text{または}\quad \frac{d^4w}{dx^4}+\frac{k}{EI}w=\frac{p}{EI}$$

これは，式 (11.12) と同形式である.

5.　$\sigma=\dfrac{6M_0}{h^2}$,

ただし，

$$M_0=\frac{E\partial l}{C_0},\quad C_0=\frac{bl^3}{3I}+\frac{2a^2\beta}{h}+\frac{2a^2\beta^2 l}{h}+\frac{2a^2\beta^2(1+2\beta l)l}{h},\quad b=\frac{2\pi a}{n},\quad I=\frac{bh^3}{12}$$

第 12 章

〖問題 12.1.1〗 図 12.1(b) の場合の応力

$$\sigma_x=-\alpha T_0 E\left(\frac{2y}{h}\right)^n$$

(a) の場合の応力

$$\sigma_x=\alpha T_0 E\left[\frac{1}{2(n+1)}\{1-(-1)^{n+1}\}+\frac{3}{n+2}\{1-(-1)^{n+2}\}\frac{y}{h}-\left(\frac{2y}{h}\right)^n\right]$$

〖問題 12.1.2〗 $\{\sigma\}=[D](\{\varepsilon\}-\{\varepsilon_0\})$ を式 (9.35) に代入してその後の計算を行なう.

〖問題 12.2.1〗 $\sigma_\theta=65.3\,\mathrm{MPa}$.

〖問題 12.2.2〗 $\sigma_\theta=\alpha T_0 E\cdot n/(n+2)$, $n>1$ の方が $n<1$ より σ_θ が大.

〖問題 12.2.3〗

$$\sigma_r=\alpha E\left(\frac{1}{r_2{}^2-r_1{}^2}\int_{r_1}^{r_2}Tr\,dr-\frac{1}{r^2}\cdot\frac{r_1{}^2}{r_2{}^2-r_1{}^2}\int_{r_1}^{r_2}Tr\,dr-\frac{1}{r^2}\int_{r_1}^{r}Tr\,dr\right)$$

$$\sigma_\theta=\alpha E\left(\frac{1}{r_2{}^2-r_1{}^2}\int_{r_1}^{r_2}Tr\,dr+\frac{1}{r^2}\cdot\frac{r_1{}^2}{r_2{}^2-r_1{}^2}\int_{r_1}^{r_2}Tr\,dr-T+\frac{1}{r^2}\int_{r_1}^{r}Tr\,dr\right).$$

1.　824 MPa.

2.　$\sigma_{\theta\mathrm{A}}=\sigma_{r\mathrm{A}}=\sigma_{\varphi\mathrm{A}}=-p$,　$\sigma_{r\mathrm{B}}=-p$,　（θ：経線方向, φ：子午線方向）.

$$\sigma_{\theta\mathrm{B}}=\sigma_{\varphi\mathrm{B}}=-\frac{E_\mathrm{B}}{E_\mathrm{A}}\cdot\frac{1-2\nu_\mathrm{A}+\nu_\mathrm{B}\cdot\dfrac{E_\mathrm{A}}{E_\mathrm{B}}}{1-\nu_\mathrm{B}}p+\frac{E_\mathrm{B}}{1-\nu_\mathrm{B}}(\alpha_\mathrm{A}-\alpha_\mathrm{B})\varDelta T.$$

3.　$-\alpha E\left(T_1\sin\dfrac{\pi y}{h}+T_2\cos\dfrac{\pi y}{h}\right)+\dfrac{2\alpha ET_2}{\pi}+\dfrac{24\alpha ET_1 y}{\pi^2 h}$

第 13 章

1.　$K_\mathrm{I}=2\sigma_n\sqrt{a/\pi}$

2.　$K_\mathrm{I}=\sigma_{\mathrm{net}}\sqrt{\pi a}/2$,　σ_{net}：最小断面の公称応力

3.　$y=0.786b$,　$\tau_{45°\mathrm{max}}=0.300q_0$.

索　引

ア

孔……………………………56

イ

板曲げ……………………124
一般化されたフックの法
　則………………………27, 29
異方性……………………27

ウ

薄板………………………124
薄肉円筒…………………143
薄膜問題…………………79

エ

エアリーの応力関数……46
影響係数…………………102
円孔………………………50, 57
円筒………………48, 156, 166
円筒曲げ…………………124
円板………………48, 68, 153
円板の曲げ………………138
FEM………………………105

オ

応力………………………1, 87
応力拡大係数……………62
応力関数…………………46
応力境界条件……………37
応力集中…………………50, 137
応力集中係数……………53
応力の変換………………5
応力不変量………………14

カ

開断面……………………71

開断面棒…………………81
回転………………………19
重ね合せの原理…47, 54, 92
カスチリアーノの定理…98
仮想仕事の原理……93, 115
仮想変位…………………93
仮想変位の原理…………93
Gauss の発散定理…94, 168

キ

球面………………………165
境界条件…2, 35, 37, 44, 134
極座標系におけるひずみ
　成分……………………26
極断面二次モーメント…72
曲率半径…………………56, 124
切欠き……………………56
き裂………………………59
均質性……………………27
Kirchhoff の理論………136

ク

くさび……………………66
Green の定理…………168

コ

合応力……………………10
剛性マトリックス
　………………………108, 111
合せん断応力……………10
剛体ポンチ………………161, 165
光弾性法…………………47
合力法……………………38
古典理論…………………134, 136
混合境界条件……………38

サ

最小ポテンシャルエネル
　ギの原理………………95
三角形平板要素…………110
サンブナンの原理(Saint-
　Venant's principle)
　………35, 36, 55, 135, 152
サンブナンのねじり問題
　………………………74
Saint-Venant の半逆法
　………………………74

シ

軸対称………………138, 143, 154
自然状態…………………88
集中荷重…………………35, 68
集中モーメント……………40, 67
集中力………………40, 64, 158
重調和関数………………47
主応力……………………10, 11
主軸………………………11, 22
主せん断応力………………14, 15
主ひずみ…………………22
小規模降伏条件……………60
simple radial distri-
　bution…………………66

ス

垂直応力…………………1
垂直ひずみ………………17

セ

静水圧……………………14, 16
正値形式…………………88
接触応力…………………158

節点 …………………105, 110
せん断応力 ………………1
せん断弾性係数…………30
せん断流れ一定の条件…73
せん断ひずみ……………17
選点法……………………38
線膨張係数 ……150, 157

ソ
相反定理 ………………101
塑性域……………………60

タ
体積力……………………32
代表寸法…………………37
だ円孔 …………………55, 58
縦弾性係数………………30
単純曲げ ………………126
弾性床 …………………149

チ
中空円筒…………………50

テ
適合条件…………24, 113
適合条件式 ………25, 45
転位………………………24

ト
等価だ円の概念…………57
等方性……………………27
特異性……………………59
閉じた薄肉断面棒………72

閉じた断面………………81

ネ
ねじり……………………71
ねじりの応力関数………76
ねじりの断面係数………71
ねじりモーメント ……128
熱応力 …………………150
熱ひずみ ………………150

ハ
破壊………………………59
破壊力学…………………60
半無限体 ………………158
半無限板…………64, 158

ヒ
ひずみ …………………17, 87
ひずみエネルギ……87, 130
ひずみエネルギ関数……90
ひずみの主軸……………22
ひずみの不変量…………23
ひずみの変換……………20
比ねじれ角………………71

フ
フックの法則………42, 152
物体力……………………32
分布荷重…………67, 159

ヘ
平衡条件…………………44
平衡方程式………32, 33, 34

閉断面 ……………71, 81
平面応力…………41, 153
平面ひずみ
　　　……41, 42, 156, 163
変位………………………17
変位境界条件 ……37, 38
Hertz の接触理論 ……158

ホ
ポアソン比………30, 43, 90
方向余弦 ………6, 9, 168
補足ひずみエネルギ……98
ポテンシャルエネルギ…96

マ
曲げ ……………………124
曲げ剛性 ………………126
曲げモーメント ………125

ヤ
焼きばめ…………………69
ヤング率 ………………30, 43

ユ
有限要素法…………35, 105

ヨ
要素………………………105
横弾性係数………………30

レ
Rayleigh-Ritz の方法 …98

弾性力学 　　　　　　　　　　　　　　　　　　© 村上敬宜　1985

1985 年 10 月 15 日　　　　第 1 版第 1 刷発行
1987 年 12 月 10 日(訂正)　第 1 版第 2 刷発行
2023 年 1 月 25 日　　　　　第 1 版第 23 刷発行

著　作　者　村上敬宜

発　行　者　及川雅司

発　行　所　株式会社 養賢堂　　〒113-0033
　　　　　　　　　　　　　　　東京都文京区本郷 5 丁目 30 番 15 号
　　　　　　　　　　　　　　　電話 03-3814-0911 ／ FAX 03-3812-2615
　　　　　　　　　　　　　　　https://www.yokendo.com/

印刷・製本：株式会社 三秀舎　　用紙：竹尾
　　　　　　　　　　　　　　　本文：淡クリームキンマリ 43 kg
　　　　　　　　　　　　　　　表紙：ベルグラウス -T・19.5 kg

PRINTED IN JAPAN　　　　　ISBN 978-4-8425-0591-6　C3053

JCOPY ＜出版者著作権管理機構 委託出版物＞
本書の無断複製は著作権法上での例外を除き禁じられています。複製され
る場合は、そのつど事前に、出版者著作権管理機構の許諾を得てください。
（電話 03-5244-5088、FAX 03-5244-5089 ／ e-mail: info@jcopy.or.jp）